ウイルス・細菌の図鑑

感染症がよくわかる
重要微生物ガイド

北里大学 医療衛生学部 微生物学
北里英郎＋原 和矢＋中村正樹●著

最新図解

技術評論社

はじめに

　本書は、序章が「人類の大きな脅威となった感染症」、第1章が「ウイルスと細菌の基礎知識」、第2章が「感染症からみたウイルス・細菌」、第3章が「ウイルス・細菌図鑑」の構成となっています。感染症の歴史的背景から、微生物の基礎知識、感染症の発症のしくみを、写真やイラストを多く使用して総合的かつわかりやすく解説します。

　人類はその誕生以来、ウイルスや細菌と常在微生物という形で共存してきました。健康なヒトにとって、常在微生物は食物の消化を助けたり、病原微生物から身を守ったりと有益な役割を持っています。しかし、免疫力の低下したヒトにおいては、日和見感染として病気を引き起こします。一方、病原微生物は感染症という形で常に人類の脅威となっていました。中世の頃までは微生物と戦う術を持たなかった人類も、近世以降は顕微鏡開発、細菌培養法、各種消毒法、抗血

清療法、ワクチン、抗生物質などを見出し、病原微生物に立ち向かうことが可能となりました。また、20世紀に人類が持つ最大の防衛機構である免疫システムが解明され、ワクチンや抗血清療法の主役である抗体の存在が明らかとなりました。しかし、病原微生物も抗生物質に対しては薬剤耐性を獲得したり、ヒトの免疫システムに対してそのシステムを欺く機構をつくり人類に抵抗しています。また、ある種のウイルスは、がんを引き起こすことも明らかとなり、依然として人類の脅威であることには変わりありません。

　近年にみられる、抗生物質の乱用による薬剤耐性菌の増加、地球温暖化による熱帯感染症の拡大、動物性飼料の添加による狂牛病の発生などは、微生物から人類への警鐘として捉えられます。また、航空機などの交通手段の発達によるグローバル化は、エボラ出血熱、中東呼

吸器症候群（MERS）、新型インフルエンザなどの世界的流行をもたらす危険性をはらんでいます。日本もこのような危険な感染症にさらされる可能性が常にあります。我々も常日頃から感染症に対して関心を持ち、正しい微生物の知識を心得ておく必要があります。

　本書を執筆中に、北里大学 特別栄誉教授 大村 智 博士が放線菌の産生する「イベルメクチン」の発見でノーベル生理学・医学賞を受賞されたことを心からお祝い申し上げますとともに、ご多用の中、ご監修頂きましたことに厚く御礼を申し上げます。また、監修にご協力頂きました本学部臨床細胞学 古田玲子 教授、免疫学 久保 誠 講師に深謝いたします。最後に、本書が幅広い年代の読者に愛され、ウイルス・細菌に対して正しい知識を得られる一助となることを著者一同、願っております。

北里大学 医療衛生学部 微生物学

北里英郎

Contents

はじめに ····· 3

Chapter 0
巻頭ビジュアル 人類の脅威となった感染症 ····· 10

Chapter 1
ウイルスと細菌の基礎知識 ····· 19
微生物の分類 ····· 20
細菌の観察 ····· 22
細菌の代謝・増殖 ····· 24
ウイルスの構造 ····· 26
ウイルスの増殖 ····· 28
プリオン ····· 30
微生物の生息域 ····· 32
感染症の広がり ····· 34
微生物の病原因子 ····· 36
人獣共通感染症 ····· 38
新興感染症と再興感染症 ····· 39
感染症法 ····· 40
市中感染と院内感染 ····· 42
消毒と滅菌 ····· 44
感染症と人類の戦い 1 ····· 46
感染症と人類の戦い 2 ····· 48
感染症に対する免疫応答 ····· 50
ワクチン ····· 54
column ワクチンの開発 ····· 56

Chapter 2
感染症からみたウイルス・細菌 ····· 57
肺　炎 ····· 58
　肺炎球菌　60

肺炎マイコプラズマ　61

　　　レジオネラ菌　62

結　核 ……………………………………………………63

　　　結核菌　65

中耳炎、咽頭炎 …………………………………………66

　　　インフルエンザ菌　68

　　　化膿レンサ球菌（A群溶連菌）　69

風邪とインフルエンザ …………………………………70

　　　インフルエンザウイルス　72

　　　パラインフルエンザウイルス　73

　　　ヒトライノウイルス　74

　　　RSウイルス　75

　　　SARSコロナウイルス　76

　　　ムンプスウイルス　77

感染性心内膜炎 …………………………………………78

　　　黄色ブドウ球菌　80

　　　緑色連鎖球菌　81

菌血症、敗血症 …………………………………………82

　　　緑膿菌　84

　　　肺炎桿菌　85

髄膜炎、脳膿瘍 …………………………………………86

　　　髄膜炎菌　88

　　　エンテロウイルス　89

神経毒素を産生する細菌 ………………………………90

　　　破傷風菌　92

　　　ボツリヌス菌　93

細菌性食中毒 ……………………………………………94

　　　カンピロバクター　96

　　　サルモネラ菌　97

　　　腸炎ビブリオ　98

　　　ヘリコバクターピロリ　99

Contents

ウイルス性食中毒 …………………………………… 100
- ノロウイルス　102
- アデノウイルス　103
- ヒトロタウイルス　104
- アストロウイルス　105
- サポウイルス　106
- ポリオウイルス　107

旅行者下痢症 ……………………………………… 108
- コレラ菌　110
- チフス菌　111
- 赤痢菌　112

column 破傷風菌の発見と血清療法の開発 ……………… 113

膀胱炎、腎盂腎炎 ………………………………… 114
- 大腸菌　116
- 腸球菌　117

性感染症 …………………………………………… 118
- クラミジア　120
- 淋菌　121
- 梅毒トレポネーマ　122
- 単純ヘルペスウイルス　123

発がん性ウイルス ………………………………… 124
- ヒトパピローマウイルス　126
- ヒトT細胞白血病ウイルス　127

母児感染症 ………………………………………… 128
- ヒト免疫不全ウイルス　130
- ヒトサイトメガロウイルス　131

ウイルス性肝炎 …………………………………… 132
- A型肝炎ウイルス　135
- B型肝炎ウイルス　136
- C型肝炎ウイルス　137
- D型肝炎ウイルス　138

E型肝炎ウイルス　139

皮膚感染症、軟部組織感染症……………………… 140
発疹性ウイルス感染症………………………………… 142
　　　麻疹ウイルス　144

　　　風疹ウイルス　145

　　　水痘・帯状疱疹ウイルス　146

　　　ヒトパルボウイルス B19　147

ベクター介在感染症…………………………………… 148
　　　マラリア原虫　150

　　　日本脳炎ウイルス　151

　　　黄熱ウイルス　152

　　　デングウイルス　153

　　　リケッチア　154

　　　狂犬病ウイルス　155

ウイルス性出血熱……………………………………… 156
　　　エボラウイルス　158

　　　マールブルグウイルス　159

　　　ラッサウイルス　160

　　　ハンタウイルス　161

　　　クリミアコンゴ出血熱ウイルス　162

その他の病を引き起こす微生物……………………… 163
　　　天然痘ウイルス　163

　　　炭疽菌　164

　　　ペスト菌　165

column ペスト菌の発見を巡る争い ………………………… 166

Chapter 3
ウイルス・細菌図鑑…………………………………… 167

　　　索　引……………………………………………………… 185

Chapter 0 人類の脅威となった感染症

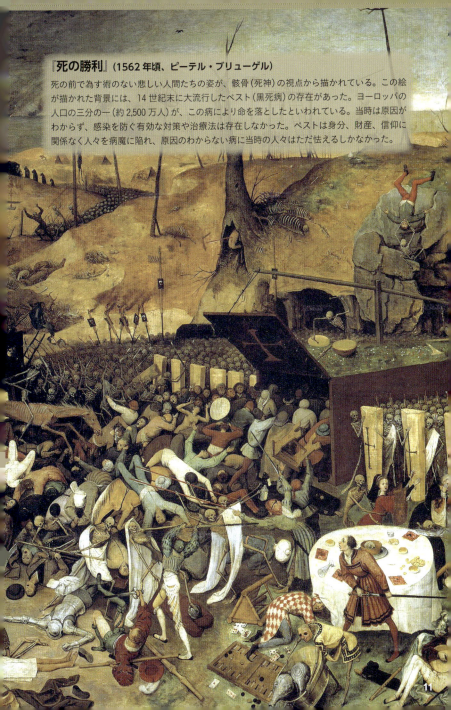

『死の勝利』(1562年頃、ピーテル・ブリューゲル)

死の前で為す術のない悲しい人間たちの姿が、骸骨(死神)の視点から描かれている。この絵が描かれた背景には、14世紀末に大流行したペスト(黒死病)の存在があった。ヨーロッパの人口の三分の一(約2,500万人)が、この病により命を落としたといわれている。当時は原因がわからず、感染を防ぐ有効な対策や治療法は存在しなかった。ペストは身分、財産、信仰に関係なく人々を病魔に陥れ、原因のわからない病に当時の人々はただ怯えるしかなかった。

Chapter 0　人類の脅威となった感染症

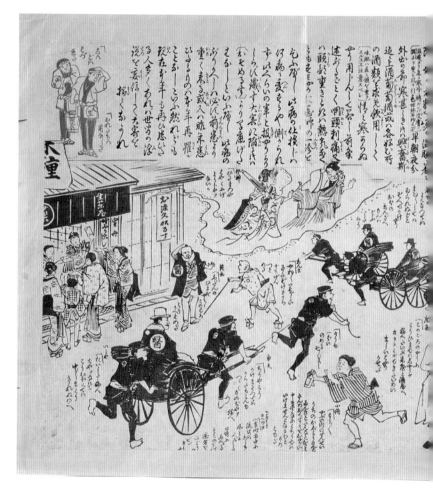

『はやり風用心』(1890年)

1890 (明治23) 年から翌年にかけて、世界的なインフルエンザの大流行 (ロシアかぜ) が日本にも及んだ。この絵では、医者や薬屋、按摩が大繁盛し (絵の左側)、銭湯や散髪屋から客が遠のいている様子 (絵の右側) を描くことで、迷信に対する批判と医学的知識の啓蒙をおこなっている。

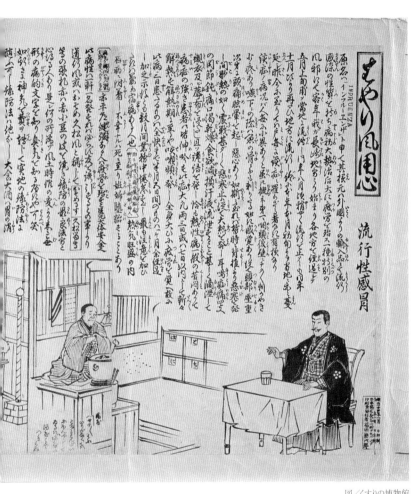

図／くすりの博物館

Chapter 0 人類の脅威となった感染症

エボラ出血熱の死者を運ぶ赤十字の職員
(2014年、リベリア)

2013年12月頃、西アフリカにおいてエボラウイルスが原因となって発症するエボラ出血熱が流行しはじめ、2014年6月頃より感染が急拡大して深刻な事態となった。世界保健機関(WHO)の発表によると、感染疑い例も含め 27,550 名が感染し、11,235 名が死亡(死亡率 41%)した。2015年5月にはリベリアなどで終息宣言がなされたが、その後も他国では新たな感染者が見つかっている(2015年11月現在)。

Chapter 0 人類の脅威となった感染症

消毒がおこなわれるソウルの劇場 (2015年、韓国)

2015年、韓国国内において MERS (中東呼吸器症候群) を引き起こす MERS コロナウイルスの感染が広がった。2015年5月に初の感染者が入院していた平沢聖母病院でエアコンを通じ院内感染が発生し、それにより韓国国内で感染が広がった。韓国政府は 2015年7月に MERS の終息宣言を発表した。最終的に 186人の感染者を出し、そのうち 36人が死に至った。

新型インフルエンザの感染防止のためにマスクを着用して国会を見学する中学生

2009年春頃から2010年3月にかけ、新型の(A型)インフルエンザウイルスが出現し、インフルエンザが世界的に流行した。毒性は強くなかったものの、日本国内では様々なイベントが自粛され、マスクの出荷が平時の数十倍となるなど社会に混乱を引き起こした。

Chapter 0 人類の脅威となった感染症

2015年のノーベル生理学・医学賞の受賞が決まった 大村智・北里大学特別栄誉教授

大村博士は、1億2千万人が危機にさらされ、患者の2割が失明するといわれる、寄生虫による感染症オンコセルカ症、および感染するとリンパ系に大きなダメージを与え、足が象のように大きく腫れる象皮病などの身体障害を発症するリンパ系フィラリア症の特効薬である「イベルメクチン」の発見・開発に対する業績により、ノーベル賞を受賞した。1970年代半ば、静岡県伊東市川奈の土壌から採取した放線菌が産出する物質からイベルメクチンを開発した。大村氏と共同でイベルメクチンを開発した米メルク社と北里研究所が無償でこの薬を提供したこともあり、年間に約3億人が恩恵を受けている。

Chapter 1 ウイルスと細菌の基礎知識

微生物の分類
目に見えない生き物の世界

　微生物とは、ヒトの肉眼では判別することができない微小な生命体のことを指す。微生物は、ウイルス、細菌、真菌、原虫など多様な分類群を含んでいる。生態系において微生物は分解者の役割を担っており、植物や動物の死骸を分解し有機物を無機化する働きを持っている。地球のあらゆる環境には微生物が生息している。食べ物を放置しておくと、やがて腐敗し食べられなくなってしまう。これも微生物の働きによって起こっている。我々人間は、ヨーグルトや納豆などの発酵食品の生産に微生物を利用している。また、人間と微生物は共存しており、常在微

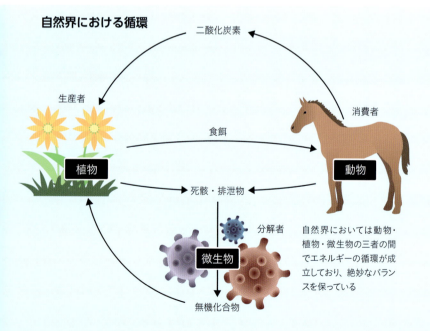

自然界における循環

自然界においては動物・植物・微生物の三者の間でエネルギーの循環が成立しており、絶妙なバランスを保っている

生物という形で人間の体には日常的に微生物が住み着いているのである。このような常在微生物は食物の消化を助けたり、外から侵入してくる病原微生物から身を守ってくれたりしている。

しかし、ときに微生物は人類に襲いかかる。中世ヨーロッパではペスト菌によって引き起こされるペスト(別名、黒死病)が大流行し、実にヨーロッパ人口のおよそ三分の一が死亡したと推定されている。近年では、西アフリカにおいてエボラウイルスによるエボラ出血熱が流行し、多数の死者が出たことは記憶に新しい。日本国内においても2014年の夏、東京都内でデング熱の発生が約70年ぶりに確認された。

微生物は分解者として生態系における物質循環に貢献している。我々人類は、ときに常在微生物として有効活用し、ときに感染症として襲いかかる微生物に対峙する。本書では感染症を引き起こす病原微生物を中心に取り扱う。

微生物の分類と特徴

微生物の区分	生物学的分類	特徴	代表例
ウイルス	非生物	核酸(DNAもしくはRNA)とタンパク質で構成される。細胞に寄生しないと自己複製することができないことから生物学的な分類では生物に含まれない。	インフルエンザウイルス、エボラウイルス
細菌	原核生物	細胞の構造は単純で、核膜を持たない原核生物である。細菌は基本的に細胞壁を持っている。	大腸菌、ブドウ球菌
真菌	真核生物	いわゆる菌類で酵母・カビ・キノコが含まれる。酵母や糸状菌といったものの一部は感染症を引き起こす。	カンジダ、アスペルギルス
原虫	真核生物	寄生虫のうち、単細胞生物のものを原虫として区分する。	マラリア、トリコモナス

細菌の観察

グラム染色

デンマークの病理学者であるハンス・グラム（1853-1938）は腎臓病患者の尿沈渣*の染色方法の研究をおこなっていた。そのときに、偶然染色されていた細菌を見つけたことが、グラム染色という染色法の開発に結びついた。この染色をおこなうと細菌は2色に区分され、紫色に染まるグラム陽性菌とピンク色に染まるグラム陰性菌に区別することができる。グラム染色で染められているのは細胞壁であり、この細胞壁のタイプによってこのような色の違いがあらわれるのである。

ハンス・グラム（Hans Christian Joachim Gram）はデンマークの細菌学者、病理学者、医師。1884年グラム染色法を発表し、1900年コペンハーゲン大学病理学教授に就任

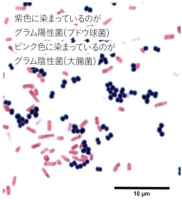

紫色に染まっているのがグラム陽性菌（ブドウ球菌）
ピンク色に染まっているのがグラム陰性菌（大腸菌）

10 μm

写真／北里大学医療衛生学部微生物学研究室

細菌は細胞壁という強固な鎧を身にまとっており、外からの機械的、浸透圧的なストレスから身を守っている。この細胞壁の主成分はペプチドグリカンと呼ばれる糖タンパク質で構成されている。細菌は細胞壁の構造の違いからグラム陽性菌とグラム陰性菌に分類される。グラム陽性菌は分厚い細胞壁を持っているのに対し、グラム陰性菌の細胞壁は薄い。しかし、グラム

用語解説 尿沈渣：尿を遠心分離器にかけたときに沈殿する赤血球や白血球、細胞、結晶成分などの固形成分

陰性菌は外膜と呼ばれる脂質膜で覆われており、これが外からの有害物質の侵入を防ぐバリアーになっている。

グラム染色ではクリスタル紫とルゴールにより細菌は紫色に染色される。ここにエタノールをかけると細胞壁から色素が流れ出すが、分厚い細胞壁を持つグラム陽性菌では紫の色素が残る。一方、細胞壁の薄いグラム陰性菌では完全に脱色されてしまう。そこで、サフラニンという赤い色素で染め直すことで、グラム陽性菌は紫色に、グラム陰性菌はピンク色に染まるのである。現在、グラム染色は感染症の診断には欠かせない検査であり、病院の検査室では日常的におこなわれている染色法である。

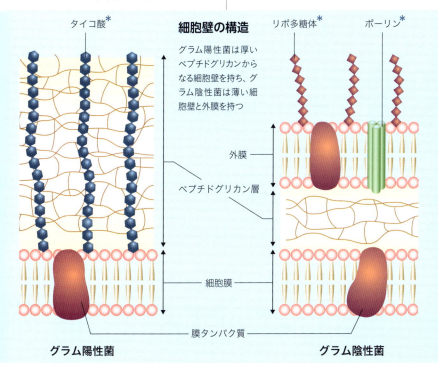

細胞壁の構造

グラム陽性菌は厚いペプチドグリカンからなる細胞壁を持ち、グラム陰性菌は薄い細胞壁と外膜を持つ

グラム陽性菌　　　　グラム陰性菌

用語解説
タイコ酸：グラム陽性菌の細胞壁を構成する多糖体でペプチドグリカン層に存在している
リポ多糖体：グラム陰性菌外膜の構成成分であり内毒素活性を持つ
ポーリン：中心に小孔を持ち物質の取り込みをおこなう

細菌の代謝・増殖
驚くべき増殖スピード

病原細菌の恐ろしさは、その増えるスピードにある。食中毒菌に汚染された食品は、たった数時間放置するだけでも食中毒菌が大量に増殖して食中毒を引き起こしてしまう。大腸菌などの一般的な病原細菌は、20〜30分に1回のペースで2分裂して増えていく。いま大腸菌が仮に20分に1回2分裂していくとしよう。1個の大腸菌が20分後に2個、40分後には4個、1時間では8個になる。では、24時間後にはどのくらいの数になるだろうか？ 1時間で8倍に増えるので、24時間では8^{24}倍でこれは約10^{22}個(100垓個)にもなる。これは重量にするとなんと700トンにもなる。48時間では地球の重量を超える量となる。ただし現実的には細菌の栄養源が枯渇するために、一定量

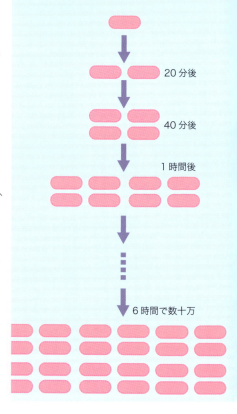

大腸菌の分裂のようす

細菌は2分裂により増殖する。栄養条件が整っていれば、あっという間にその数は莫大なものとなる。

20分後
40分後
1時間後
6時間で数十万

まで増えた細菌はその増殖が停止する。

細菌を液体状の培地で培養すると、4つのステップが観察される。

①誘導期：細菌が増殖をはじめる前の準備期間でこの時期に増殖に必要な酵素などが合成される。

②対数増殖期：増殖の準備が整うと、培地に含まれる栄養素を効率良く使用し前記のように指数関数的に増殖していく。

③定常期：栄養素が減ってくると細菌の増殖は緩やかになる。増殖する菌と死滅する菌に平衡が保たれるため、見た目には増殖が停止しているように見える。

④死滅期：さらに栄養素が減ると死滅する菌が多くなり、全体的な菌量が減っていく。

細菌の増殖にはエネルギーが必要である。多くの細菌は我々人間と同じように呼吸をおこなっており、酸素を取り込んで栄養素を分解しエネルギー（ATP）を得る。細菌によっては酸素が無くても生存が可能で、発酵と呼ばれる代謝経路によってATPを獲得している。その際、副産物として乳酸や酢酸、エタノールが生じるため、それを人間は発酵食品という形で利用している。また一部の細菌は活性酸素を分解できる酵素を持っておらず、酸素が存在する環境で生存できない。このような細菌は嫌気性菌と呼ばれる。

発育曲線

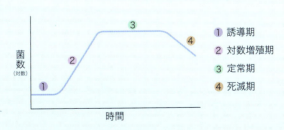

1 誘導期
2 対数増殖期
3 定常期
4 死滅期

栄養条件が整うと指数関数的に増殖していくが、やがて栄養素が枯渇し定常期、そして死滅期に至る。

ウイルスの構造
カプシドとコア

ウイルス粒子はビリオン（virion）と呼ばれる。ビリオンの形態と構造は、ウイルスの種類により特徴があり多様である。

ウイルスの基本構造は、ウイルスの遺伝子として働く核酸とこれを保護するタンパク質で構成されている。このタンパク質をカプシド（capsid）という。カプシドは、ウイルスの核酸を包み保護しているタンパク質の外被で、ウイルスが細胞へ感染する際に重要な働きをする。さらにカプシドは多数のカプソマー（capsomere）と呼ばれるタンパク質の基本単位（subunit）から構成され、カプソマーの数はウイルスにより決まっている。

ウイルスの基本構造

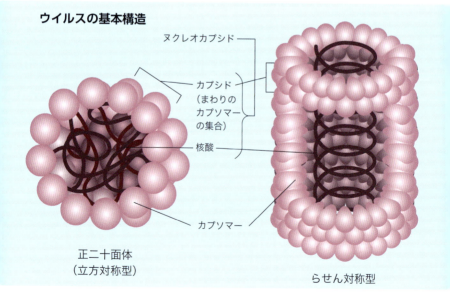

ヌクレオカプシド
カプシド（まわりのカプソマーの集合）
核酸
カプソマー
正二十面体（立方対称型）
らせん対称型

カプシドに保護されている核酸部分をコア（core）という。動植物細胞、細菌、リケッチアの核酸は遺伝子として働くDNAと、その情報を伝えタンパク質を合成するRNAの両方を持つ。一方、ウイルスの遺伝子の核酸は、DNAかRNAのどちらか一方である。DNAウイルスは2本鎖のDNA、RNAウイルスは1本鎖のRNAが多い。しかし、ウイルスの種類により1本鎖のDNA、2本鎖のRNAの核酸を持つものもある。カプシドと核酸を合わせてヌクレオカプシド（nucleocapsid）という。

また、ウイルスによりカプシドの外側に脂質を含む膜構造の外套状のものがありこれをエンベロープ（envelope）という。エンベロープは、脂質や糖を含むタンパク質で、ウイルスが感染細胞から遊離する際、感染細胞の細胞膜または核膜の一部を被って成熟感染粒子となる。

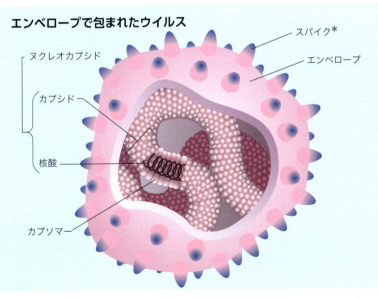

エンベロープで包まれたウイルス

スパイク*
ヌクレオカプシド
エンベロープ
カプシド
核酸
カプソマー

 スパイク：タンパク質でできた突起で、感染の際の宿主（細胞）レセプターとの結合、細胞破壊の際の宿主レセプターの破壊や赤血球凝集能などを有する

ウイルスの増殖

究極の細胞寄生体

　細胞に侵入したウイルスは急激に増殖を繰り返し、感染細胞が破壊された結果、宿主は発病する。

　ウイルスは動植物の細胞や細菌のように2分裂での増殖はしない。ウイルス粒子は核酸をタンパク質の殻（カプシド）で被われた構造である。このように細胞組織を持たないので、子孫をつくるための代謝機構やエネルギー機構も持っていない。宿主細胞の代謝機構やエネルギー機構を利用するため、生きた細胞内でのみ増殖可能である。従って1個のウイルスから多量の子ウイルスが産生されるといった観点から捉えれば、ウイルスは細胞組織を持たない究極の偏性細胞寄生体である。

　ウイルスは外側のカプシドまたはエンベロープが細胞の表面

ウイルスの増殖過程

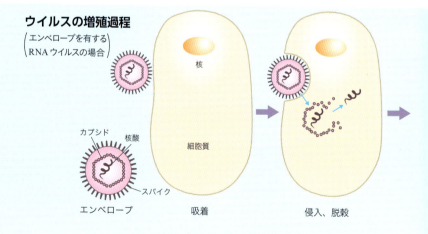

に存在する宿主レセプターに吸着して細胞に侵入し感染が成立する。侵入したウイルスは脱殻*し、ウイルス粒子は検出されなくなるため暗黒（エクリップス）期と呼ばれ、その間は子ウイルスのための核酸の複製、カプシドタンパクの合成を別々の場所でおこない、それらが合体し子ウイルスが誕生する。このように非常に効率良く子ウイルスが産生されるため、1個のウイルスから10^5個以上のウイルスが産生され、その結果、感染細胞は死滅する。その誕生までは早いウイルスで6時間位である。

一部の腫瘍を誘発するウイルスでは、ウイルス遺伝子の一部またはすべてが宿主細胞染色体に組み込まれ、感染細胞は異常増殖しがん細胞へと変化する。DNA腫瘍ウイルスの場合は、がん化した細胞の染色体には組み込まれたウイルス遺伝子は検出されるが、ウイルス粒子は検出されない。1本鎖のRNA腫瘍ウイルスでは感染後、逆転写酵素*により相補的なDNAを合成し、宿主染色体中にウイルスDNAを積極的に組み込ませる。

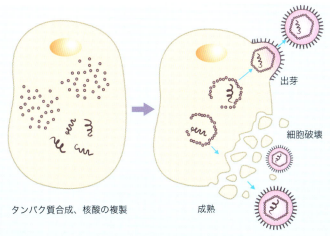

タンパク質合成、核酸の複製　　成熟　　出芽　　細胞破壊

用語解説
脱殻：タンパク質の殻から中身の核酸を細胞内に放出すること
逆転写酵素：ウイルスRNAを鋳型としてcDNAに逆転写する酵素。レトロウイルス、B型肝炎ウイルスが有する

プリオン
海綿状脳症を引き起こすタンパク質

プリオン病は細菌やウイルスの感染症とは異なり、正常タンパク質が異常タンパク質へと変化していくことで発症する疾患である。ヒトでは第20番染色体に存在するプリオン遺伝子が産生する糖タンパク質が、異常プリオンタンパク質に変化することで発症する。このような病原体による脳症をtransmissible spongiform encephalopathy（TSE）伝播性海綿状脳症と呼ぶ。動物ではヒツジの海綿状脳症であるスクレイピー（scrapie）、ウシの牛海綿状脳症（bovine spongiform encephalopathy: BSE）などがある。

ヒトのプリオン病には、中年から初老期に起こり全身倦怠からはじまり末期には意識障害があらわれ死亡するクロイツフェルト・ヤコブ病（Creutzfeld-Jakob disease: CJD）がある。CJDには、プリオン遺伝子に変異のある遺伝性の孤発性CJDや、伝達性のものとして、CJD患者の角膜や硬膜の移植、脳下垂体由来の成長ホルモン投与や脳波測定の際の汚染電極により伝達する医原

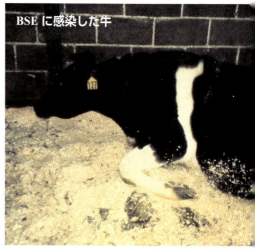

BSEは一般的に狂牛病として知られ、脳の組織がスポンジ状となり、異常行動や運動失調などを示し死亡する疾患である。

性CJD、10歳代から40歳代前半に発病する変異型CJDがある。その他には、ゲルストマン・ストロイスラー・シャインカー症候群（Gerstmann-Straussler-Scheinker syndrome：GSS）、致死性家族性不眠症（fatal familial insomnia：FFI）などがある。パプアニューギニアのフォア族にみられるクールー（Kuru）も存在したが、食人儀礼がなくなり発生も途絶えた。病原体は抗体を産生せず、血清反応*で病原体を特定することは不可能で、確定診断は死後剖検による。

異常プリオンが増殖するしくみ

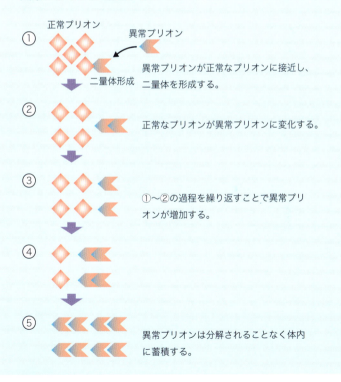

| 用語解説 | **血清反応**：ウイルスや細菌の抗原、タンパク質と血清を反応させ、抗体産生の有無を調べること |

Chapter 1 ウイルスと細菌の基礎知識

微生物の生息域
私たちのまわりには微生物がいっぱい

　我々の身の回りは微生物で溢れている。微生物は土壌や河川・海洋など、ありとあらゆる環境に生息している。空気中にも埃などとともに浮遊している。また微生物は動植物とも共生しており、我々人間も例外ではない。ヒトの大腸には糞便1gあたりに100兆個もの細菌が含まれているといわれており、これだけでヒトを構成する細胞数(37兆〜60兆個：諸説あり)をはるかに超える。大腸に限らず、皮膚、口腔内、鼻咽腔、膣などあらゆる部位に細菌は生息している。このように、身体の各部位に生息している細菌の集団は、常在細菌叢(常在菌)と呼ばれてい

生活の場に生息する細菌

水道水
直接計数法 $10^2〜10^3$個/ml
平板培養法* 0個/ml

土壌
直接計数法 $10^8〜10^9$個/g
平板培養法 $10^6〜10^9$個/g

地下水
直接計数法 $10^2〜10^5$個/ml
平板培養法 $0〜10^4$個/ml

河川
直接計数法 $10^4〜10^6$個/ml
平板培養法 $10^2〜10^5$個/ml

海洋
直接計数法 $10^3〜10^6$個/ml
平板培養法 $10^1〜10^4$個/ml

我々の身の回りの河川や土壌、海にもたくさんの細菌が生息している。蛍光顕微鏡で観察すると、たとえば川の中には1mlあたり $10^4〜10^6$個の細菌が存在していることがわかっている。

用語解説　平板培養法：シャーレなどで寒天を固形化させた培地でおこなう培養法で、生菌数を計測できる。直接計数法では死んだ細菌を数えてしまう恐れがある

る。このような常在菌は我々人間に様々なメリットをもたらす。

消化管内の常在菌は消化吸収を助け、ビタミン（葉酸、ビタミンKなど）の合成をおこなう。また、免疫系を刺激することによって免疫グロブリン*の産生を促し、免疫力を高める作用もある。皮膚の常在菌は、皮膚を弱酸性に保ち、これにより外からやって来る病原細菌の侵入を防いでいる。しかし、普段は有益な作用をもたらす常在菌も、ときには病気を引き起こす。皮膚に常在している黄色ブドウ球菌は、皮膚に傷口ができるとそこから侵入し、皮膚の化膿症を起こすことがある。腸管の大腸菌は、尿道口から侵入して膀胱炎を起こす。このような人間自身が普段から保有している常在菌によって起こる感染症は内因感染と呼ばれている。

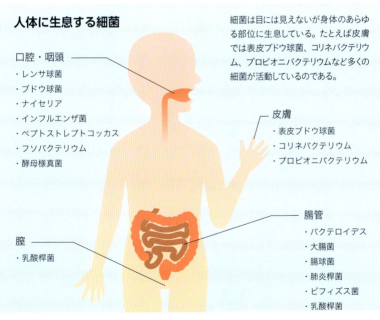

人体に生息する細菌

細菌は目には見えないが身体のあらゆる部位に生息している。たとえば皮膚では表皮ブドウ球菌、コリネバクテリウム、プロピオニバクテリウムなど多くの細菌が活動しているのである。

口腔・咽頭
- レンサ球菌
- ブドウ球菌
- ナイセリア
- インフルエンザ菌
- ペプトストレプトコッカス
- フソバクテリウム
- 酵母様真菌

皮膚
- 表皮ブドウ球菌
- コリネバクテリウム
- プロピオニバクテリウム

膣
- 乳酸桿菌

腸管
- バクテロイデス
- 大腸菌
- 腸球菌
- 肺炎桿菌
- ビフィズス菌
- 乳酸桿菌

用語解説 　**免疫グロブリン**：血液や体液中に存在し、病原性微生物を排除するための抗体の役割を持つタンパク質

感染症の広がり
感染症はどのように引き起こされる？

　感染症は人から人へとうつっていく病気のことである。感染症はどのようにして広がっていくのだろうか？ インフルエンザを例にみてみよう。まず、病原微生物の存在が必要である。インフルエンザはインフルエンザウイルスという病原ウイルスによって引き起こされる（①病原微生物）。このウイルスはどこからやって来るかというと、インフルエンザにかかっている人からである（②保菌者）。インフルエンザにかかった人は咳やくしゃみをすることによって、インフルエンザウイルスを外に排出する（③排菌）。排出されたインフルエンザウイルスは唾液などと一緒に空中を数m飛行する（④感染経路）。近くに人がいると、これがその人の口や気道へと入り込む（⑤侵入門戸）。もしその人にインフルエンザに対する免疫ができていない場合、その人はインフルエンザにかかってしまう（⑥感受性宿主）。インフルエンザにかかった人は、保菌者として再び他人にインフルエンザをうつすようになるのである。この

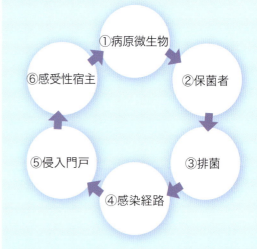

感染症伝播の鎖

①病原微生物 → ②保菌者 → ③排菌 → ④感染経路 → ⑤侵入門戸 → ⑥感受性宿主 → ①病原微生物

ようにして感染症が成立し、人から人へと連鎖していく。

感染経路には様々な種類がある。インフルエンザのように咳やくしゃみで広がるものは飛沫感染と呼ばれる。結核菌や麻疹ウイルスは空気中を漂うため、結核や麻疹の患者と同室にいただけでも空気感染を起こす。ブドウ球菌などは手指を介して感染するため、接触感染と呼ばれる。その他に輸血などで感染する血液感染、マラリアなど蚊によって感染するベクター感染、性的接触で感染する性感染、妊婦から胎児への母児感染など感染経路の様式は実に多彩である。

様々な感染経路

	感染経路	感染の流れ	主な疾患
水平感染	接触感染	皮膚などが触れ合うことによる直接感染、ドアノブ・器具等の接触による間接感染	MRSA感染症、緑膿菌感染症、流行性角結膜炎（はやり目）など
	飛沫感染	咳やくしゃみなどで飛沫が飛散し粘膜に付着	SARS、インフルエンザ、マイコプラズマ肺炎、百日咳など
	空気感染（飛沫核感染）	飛沫核が空気中を浮遊し呼吸により吸引	結核、麻疹、水痘など
	血液感染	注射や輸血による感染	HIV感染症、B型肝炎、C型肝炎など
	性感染	性行為などによる感染	淋菌性尿道炎、HIV感染症、B型肝炎、梅毒など
	経口感染	感染動物由来の肉、糞便で汚染された水など	各種食中毒（毒原性大腸菌、サルモネラ、ノロウイルスなど）、A型肝炎、E型肝炎
	ベクター媒介感染	節足動物などが媒介者（ベクター）となって、伝播することで感染	日本脳炎、マラリア、デング熱など
垂直感染（母児感染）	経胎盤感染	胎盤を通過して胎児に感染	風疹、HIV、ヒトサイトメガロウイルスなど
	経産道感染	新生児が産道を通過する際に感染	B型肝炎、HIVなど
	経母乳感染	母乳を介して感染	成人T細胞白血病

微生物の病原因子
ウイルス・細菌が病気を引き起こすまで

　微生物は病気を引き起こすことで恐れられているが、必ずしもすべての微生物が病気を引き起こすわけではない。病原因子を保有している微生物が人間に病気を引き起こすのである。病原因子には様々なものが知られているが、大きく分類すると①付着・侵入因子、②抵抗因子、③攻撃因子の3つに分類される。

　病原微生物が感染症を起こすには、まず最初に人体に付着・侵入する必要がある。このときに働くのが付着・侵入因子である。膀胱炎を起こす大腸菌は特殊な線毛を持っており、この線毛を介して膀胱粘膜に付着することで、排尿によって洗い流されないように抵抗している。赤痢菌はⅢ型分泌装置という注射器のような特殊な装置を持っている。この装置によってある種のタンパク質が宿主細胞内に打ち込まれると、細胞が赤痢菌を内部に取り込み、赤痢菌は細胞内への侵入を果たすのである。

　人体に侵入した微生物は、そのままでいては免疫機構により排除されてしまう。そこで、抵抗因子を発現することによって免疫機構に抵抗するのである。肺炎球菌は分厚い莢膜*を持つ

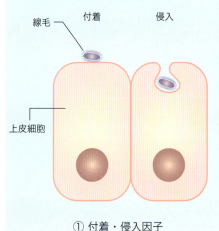

① 付着・侵入因子

用語解説 莢膜：細胞壁の外側にある厚い膜状構造物で一部の細菌が有している

ことによって、マクロファージ*からの貪食を逃れることができる。サルモネラ菌はマクロファージに貪食されたとしても、マクロファージの消化作用を阻害することができる。そのため、マクロファージの中で殺菌されることなく、生き延びることができるのである。

　免疫機構から逃れた微生物は生体内で増殖し、さらに攻撃因子である種々の毒素を産生することによって、人体に様々な症状を引き起こす。溶血性連鎖球菌が産生するストレプトリジンは、細胞膜に孔を空ける作用を持っており、これにより細胞が傷害される。コレラ菌はコレラ毒素を産生し、この毒素は小腸細胞に作用することによって、非常に激しい下痢を引き起こす。微生物は病原因子によって組織を破壊することにより、局所から全身へ感染を広めたり、人から人へと感染を広めたりするように機能しているのである。

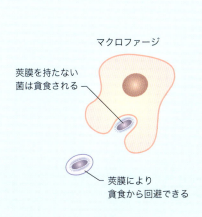

② 抵抗因子

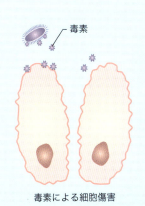

③ 攻撃因子

用語解説　マクロファージ：白血球のひとつであり、生体内をアメーバ様運動する食細胞で、死んだ細胞やその破片、体内に生じた変性物質や侵入した微生物といった異物を捕食して消化する

Chapter 1　ウイルスと細菌の基礎知識

人獣共通感染症
動物からうつる病気

　感染症は人から人へとうつる病気であるが、必ずしも人から人だけではない。ときには自然環境から人へ、ときには動物から人へと感染症がうつっていくこともある。特に動物から人へうつるような感染症は人獣共通感染症と呼ばれている。感染源となる動物は多岐にわたっており、イヌ・ネコなどのペットから、ウシ・ブタ・ニワトリなどの家畜・家禽類、渡り鳥やコウモリなどの自然動物に至るまで多くの動物が人獣共通感染症の原因となる。

主な人獣共通感染症

感染症	区分	病原体	保有動物
カンピロバクター感染症	細菌	カンピロバクター・ジェジュニ	ニワトリ、ウシ
オウム病	細菌	オウム病クラミジア	オウム、インコ
野兎病	細菌	野兎病菌	ウサギ、リス、ネズミ
鼻疽	細菌	鼻疽菌	ロバ、ウマ
ブルセラ症	細菌	ブルセラ属菌	ヒツジ、ヤギ
リステリア症	細菌	リステリア・モノサイトゲネス	家畜、ペット
レプトスピラ症	細菌	レプトスピラ	ネズミ
ネコひっかき病	細菌	バルトネラ属菌	ネコ
狂犬病	ウイルス	狂犬病ウイルス	イヌ、ネコ、コウモリ
インフルエンザ	ウイルス	インフルエンザウイルス	家禽、渡り鳥、ブタ
トキソプラズマ症	原虫	トキソプラズマ	ネコ
アニサキス症	線虫	アニサキス	サバ、イカ
エキノコックス症	条虫	エキノコックス	キツネ、イヌ

新興感染症と再興感染症
新しい感染症と古い感染症

　新興感染症は1970年以降に新たに発見された感染症である。それに対して1969年以前から知られていたが、再び増加傾向をみせている感染症を再興感染症と呼んでいる。主な再興感染症として結核、百日咳、デング熱などがあり、2014年に東京都内で多発したデング熱は約70年ぶりの国内感染事例であった。

主な新興感染症

感染症	区分	病原体	発見年
レジオネラ症	細菌	レジオネラ・ニューモフィラ	1976
エボラ出血熱	ウイルス	エボラウイルス	1976
成人T細胞白血病	ウイルス	HTLV-1	1980
後天性免疫不全症候群〈AIDS〉	ウイルス	ヒト免疫不全ウイルス	1981
腸管出血性大腸菌感染症	細菌	腸管出血性大腸菌 O-157	1982
ピロリ菌感染症	細菌	ヘリコバクター・ピロリ	1983
C型肝炎	ウイルス	C型肝炎ウイルス	1989
重症急性呼吸器症候群〈SARS〉	ウイルス	SARSウイルス	2003
鳥インフルエンザ	ウイルス	インフルエンザウイルス H5N1	2003
重症熱性血小板減少症候群〈SFTS〉	ウイルス	SFTSウイルス	2011
中東呼吸器症候群〈MERS〉	ウイルス	MERSウイルス	2012

感染症法
恐ろしい感染症を広めないための法律

感染症はかつて伝染病と呼ばれていたように、人から人へうつる病気である。従って、適切な対策をとらないとあっという間に地域に蔓延し、多数の感染者を出す事態となってしまう。致死率が高い感染症はなおさら厳重に対策をとる必要があり、場合によっては患者の隔離をおこなう。むやみに患者を隔離することは人権侵害に当たるので、感染症法（正式には「感染症の予防及び感染症の患者に対する医療に関する法律」）という法律のもと、適切な感染予防対策がおこなわれている。

感染症法では、感染症を1類から5類までに分類している。近年、西アフリカで流行したエボラ出血熱は、最も危険なカテゴリーである1類に分類されている。1類感染症は感染力が強い上、致死率も高いような極めて危険性が高い感染症が含まれている。結核や重症急性呼吸器症候群（SARS）は2類感染症で、このカテゴリーには感染力が高いものの1類感染症よりは危険性が低いものが含まれている。1類感染症患者は原則入院、2類感染症患者は状況に応じて入院というように、強制的に入院させることができる（強制入院）。3類感染症は腸管出血性大腸菌感染症など食中毒疾患が中心で、3類感染症にかかった場合は調理業務などへの従事が制限される（就業制限）。4類感染症は動物や物などを介して感染するもので、感染源となる生物の駆除や物品搬送の制限をかけることができる（対物措置）。5類感染症は特に制限をかける必要のない感染症である

が、国が発生動向を調査しその情報を公表することによって感染の拡大を防止する目的がある。

感染症の類型

分類	感染症名	定義	対応・処置
1類感染症	エボラ出血熱、クリミア・コンゴ出血熱、ペスト、マールブルグ病、ラッサ熱など	感染力や罹患した場合の重篤性などに基づく総合的な観点からみた危険性が極めて高い感染症	・原則入院 ・消毒などの対物措置
2類感染症	急性灰白髄炎、結核、SARS、MERS、鳥インフルエンザ（H5N1、H7N9）など	感染力や罹患した場合の重篤性などに基づく総合的な観点からみた危険性が高い感染症	・状況に応じて入院 ・消毒などの対物措置
3類感染症	コレラ、細菌性赤痢、腸管出血性大腸菌感染症、腸チフス、パラチフス	特定の職業に就業することにより感染症の集団発生を起こしうる感染症	・特定職業への就業制限 ・消毒などの対物措置
4類感染症	E型肝炎、A型肝炎、黄熱、狂犬病、炭疽、デング熱、日本紅斑熱、日本脳炎、ハンタウイルス肺症候群、発しんチフス、ボツリヌス症、マラリアなど	人から人への感染はほとんどないが、動物、飲食物などの物件を介して人に感染し、国民の健康に影響を与えるおそれのある感染症	・感染症発生状況の収集、分析とその結果の公開、提供 ・媒介動物の輸入規制や消毒などの対物措置
5類感染症	**全数把握疾患** ウイルス性肝炎（E型肝炎及びA型肝炎を除く）、クロイツフェルト・ヤコブ病、後天性免疫不全症候群、髄膜炎菌性髄膜炎、梅毒、破傷風、風疹、麻疹など **定点把握疾患** RSウイルス感染症、感染性胃腸炎、百日咳、インフルエンザ（鳥インフルエンザ及び新型インフルエンザ等感染症を除く）、性器クラミジア感染症、淋菌感染症、マイコプラズマ肺炎、薬剤耐性アシネトバクター感染症など	国が感染症発生動向調査をおこない、その結果に基づき必要な情報を国民や医療関係者などに提供・公開していくことによって、発生・拡大を防止すべき感染症	・感染症発生状況の収集、分析とその結果の公開、提供 ・発生動向調査をおこなう

Chapter 1 ウイルスと細菌の基礎知識

市中感染と院内感染
入院患者は感染症を起こしやすい

　我々人類には免疫機能が備わっている。好中球やリンパ球といった免疫細胞のおかげで、細菌やウイルスの侵入を防ぎ感染症から身を守っているのである。それでも病原性の高い微生物は、免疫機構をかいくぐりヒトに感染症を引き起こす。一方、病原性の低い微生物でもときに感染症の原因となることがある。

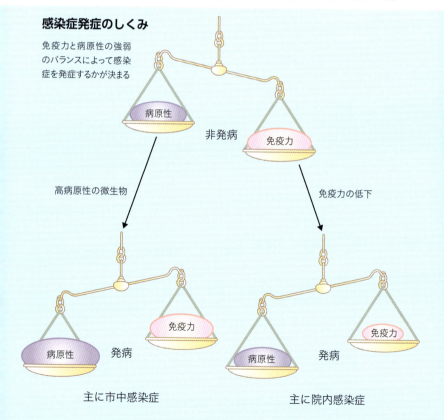

感染症発症のしくみ

免疫力と病原性の強弱のバランスによって感染症を発症するかが決まる

加齢、糖尿病、腎不全、抗がん薬治療などは免疫力が低下する原因となる。免疫力が下がった人において、病原性の低い微生物によって起こる感染症は日和見感染と呼ばれている。入院中の患者ではこのような免疫力の低下した人が多く、病原性の低い微生物でも容易に感染症が引き起こされてしまう。院内感染は、弱毒菌によって引き起こされることが多く、それに対して市中感染(病院外で起こる感染症)では強毒菌によって引き起こされることが多い。

病院内では日常から抗菌薬が使用されているため、微生物も抗菌薬に対する耐性を獲得する。近年、問題となっている耐性菌として、多剤耐性緑膿菌(MDRP)、多剤耐性アシネトバクター(MDRA)、多剤耐性結核菌(MDRTB)などが増加しており、これらの感染症の治療は非常に困難である。しばしば、病院内でこれらの耐性菌によるアウトブレイク(同一菌による感染症が多発すること)が発生し、院内感染事件として報道される。

近年問題となっている薬剤耐性菌

耐性菌	略号
メチシリン耐性黄色ブドウ球菌 methicillin-resistant *Staphylococcus aureus*	MRSA
ペニシリン耐性肺炎球菌 penicillin-resistant *Streptococcus pneumoniae*	PRSP
バンコマイシン耐性腸球菌 vancomycin-resistant *Enterococcus*	VRE
ペニシリナーゼ産生淋菌 penicillinase producing *Neisseria gonorrhoeae*	PPNG
β-ラクタマーゼ非産生アンピシリン耐性インフルエンザ菌 β-lactamase non-producing ampicillin resistant	BLNAR
多剤耐性緑膿菌 multi-drug resistant *Pseudomonas aeruginosa*	MDRP
多剤耐性アシネトバクター multi-drug resistant *Acinetobacter*	MDRA
基質拡張型β-ラクタマーゼ産生菌 extended spectrum β-lactamase	ESBL
メタロ-β-ラクタマーゼ産生菌 metallo-β-Lactamase	MBL
多剤耐性結核菌 multi-drug resistant *tuberculosis*	MDRTB

Chapter 1 ウイルスと細菌の基礎知識

消毒と滅菌
菌を殺す色々な方法

　怪我をしたときに私たちは傷口を消毒する。手術に使うメスなどの手術器具は滅菌されたものを使用する。消毒も滅菌も菌を殺すことには変わりないが、その違いはどこにあるのだろうか？

　消毒の目的は、病原微生物を減らすことによって感染症が起きるのを防ぐことである。傷口を消毒することによって、傷口に付着した微生物は減少し傷口が化膿するのを防ぐことができる。それに対して滅菌は、付着しているすべての微生物を完全に殺滅することである。手術器具などは、わずかであっても微生物が付着していてはならないので、滅菌することで完全に微生物を除去しているのである。消毒では感染力を減らすのみであり、微生物を完全には除去できない。

　消毒薬で代表的なものとしては、消毒用アルコールやポビドンヨード（イソジン®）がある。消毒用アルコールは、一般的に 80% のエタノールが使用されている。100% エタノールの方が効き目があるように思われるが、水を含んでいないエタノールは微生物に馴染みにくく、むしろ効果は下がってしまう。また、消毒用アルコールはノロウイルスには効果が無いとされているので、ノロウイルスの消毒には次亜塩素酸ナトリウム（ハイター®）を使う必要がある。

　滅菌の方法にも様々なものがあるが、代表的なものは高圧蒸気滅菌（オートクレーブ）である。その名の通り、高圧（2 気圧）の蒸気（121℃）で処理する方法である。煮沸消毒よりも強力な方

法であり、100℃の熱湯では死滅しないような細菌（芽胞*をつくる菌）も殺滅することができる。熱を加えない滅菌方法として、γ線滅菌や電子線滅菌が あり、これらの放射線を当てることによって滅菌をおこなうことができる。注射シリンジのようなプラスチック製品などの滅菌に使用される。

電子線による滅菌のしくみ

電子線(e-)を照射することで微生物のDNAにダメージを与え微生物を死滅させる。電子線がDNAの鎖を切断する直接作用と、DNA近隣の水分子と化学反応を起こすことでDNAを損傷させる間接作用がある。

 芽胞：一部の細菌がつくる耐久性の高い細胞構造

感染症と人類の戦い 1
抗菌薬の発見

　人類の歴史の長い期間、感染症に対する特効薬は無く、人間の免疫力だけが感染症に抵抗することのできる唯一の手段であった。

　1928年、イギリスの細菌学者であるアレクサンダー・フレミング（1881-1955）によってついに抗生物質が発見された。フレミングは黄色ブドウ球菌の研究をしていたが、ブドウ球菌を培養していた培地にアオカビが混入してしまった。彼はその培地を観察した際に世紀の大発見に気付く。アオカビの周辺には黄色ブドウ球菌が発育していなかったのだった。そこで彼は，アオカビが何らかの抗菌物質を産生しているのではないかと考え、アオカビの培養液を使用して抗菌作用を調べた。すると、やはりアオカビからはブドウ球菌を殺す物質が産生されているとわかり、この物質をペニシリンと名付けた。抗生物質の発見である。

アレクサンダー・フレミング（Alexander Fleming）はイギリスの細菌学者。ペニシリンの発見の功績でノーベル生理学・医学賞を受賞。

　その後、イギリスの科学者らによる研究が進み、ペニシリンを分離・精製する技術が開発され、工業生産がおこなわれるようになった。1940年代、世界大戦のさなか、多くの傷病兵はペニシリンによって命を救われたのであった。1945年、ペニシリンの発見者アレクサンダー・フレミング、ペニシリンの工業生産を開発したエルンスト・ボリス・チェーンとハワード・フロー

リーの3人は「ペニシリンの発見、および種々の伝染病に対するその治療効果の発見」としてノーベル生理学・医学賞を受賞した。

ついに、人類は長きにわたる感染症との戦いに終止符を打つものと思われた…。

アオカビが混入したブドウ球菌の培地

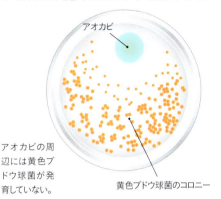

アオカビ

アオカビの周辺には黄色ブドウ球菌が発育していない。

黄色ブドウ球菌のコロニー

ペニシリンの広告

第二次世界大戦では多くの兵士がペニシリンによって命を救われた。

画像／ファイザー株式会社

感染症と人類の戦い2
耐性菌の出現

　第二次世界大戦中、ペニシリンにより多くの傷病兵の命が救われた。しかし、間もなくしてペニシリンが効かない黄色ブドウ球菌が出現した。この黄色ブドウ球菌はペニシリナーゼと呼ばれる、ペニシリンを分解する酵素を保有しているのであった。そのため、この黄色ブドウ球菌に対してペニシリンを投与した

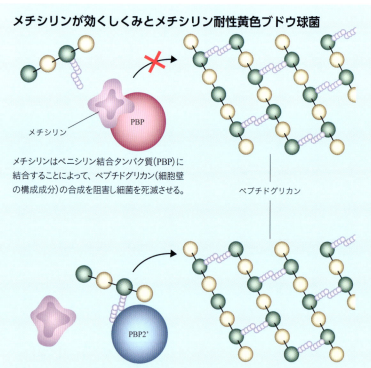

メチシリンが効くしくみとメチシリン耐性黄色ブドウ球菌

メチシリンはペニシリン結合タンパク質（PBP）に結合することによって、ペプチドグリカン（細胞壁の構成成分）の合成を阻害し細菌を死滅させる。

MRSAではペニシリン結合タンパク質に変異が起きておりPBP2'となっている。そのためメチシリンはPBP2'に結合することができず、抗菌作用を発揮することができない。

としても、産生されたペニシリナーゼによりペニシリンが分解され、治療効果が得られなかったのである。

　そこでペニシリナーゼによって分解されない、丈夫な抗生物質が開発された。それがメチシリンである。メチシリンはペニシリナーゼを産生する黄色ブドウ球菌に対抗することができた。だがそれもつかの間、ついにメチシリン耐性黄色ブドウ球菌（MRSA）が出現したのだった。メチシリンはペニシリン結合タンパク質（細胞壁を合成する酵素）に結合しその働きを阻害する薬であるが、MRSAではこのペニシリン結合タンパク質が変化しておりメチシリンが結合できないのである。MRSAは多くの抗生物質に耐性を持っており、病院内での感染症として大きな社会問題となっている。MRSAの出現後、バンコマイシンをはじめとする種々の抗MRSA治療薬が開発されたが、開発されるたびにそれに対する耐性菌が出現しているのである。

　感染症と人類とは終わりなき戦いをこれからも続けていく。

ブドウ球菌における耐性菌の出現と抗菌薬の開発

耐性菌の出現	抗菌薬の開発
	1943　ペニシリン
ペニシリナーゼ産生菌　1940年代	
	1960　メチシリン
メチシリン耐性菌（MRSA）　1962	
	1972　バンコマイシン
バンコマイシン耐性菌（VRSA）　1988	
	2000　リネゾリド
リネゾリド耐性菌　2001	
	2003　ダプトマイシン
ダプトマイシン耐性菌　2005	

感染症に対する免疫応答
免疫が働くしくみ

　感染症に対する免疫としては、生まれながらに備わっている自然免疫と、生体に侵入した病原微生物特有の抗原を認識して応答するT、Bリンパ球により誘導される獲得免疫が知られている。

1. 自然免疫（非特異的免疫）

　細菌・ウイルスなどの微生物に対して、ヒトは表皮、粘膜などによる上皮バリアー、せきやくしゃみによる生理的な防御、常在細菌叢による防御機能を持っている。これらのシステムが突破された場合、以下の自然免疫が働くことが知られている。

　まず、白血球の一種であるマクロファージ系の食細胞が、病原体をToll様受容体により認識し、異物である場合、炎症性サイトカイン*であるIL-1、TNF-αを分泌し、マクロファージを活性化する一方、急性反応

好中球による貪食と殺菌

細菌やウイルスが侵入すると、好中球が病巣へと遊走して病原体を貪食する。細胞内に食胞が形成されて、殺菌・消化がおこなわれる。

① 遊走・付着　　　② 貪食　　　③ 殺菌・消化

用語解説
サイトカイン：特定の細胞に情報を伝達するタンパク質
血管透過性亢進：血管壁の隙間が大きくなり、普段は通過できない大きなタンパク分子などが通過できるようになること

オプソニン作用

侵入した微生物に抗体や補体が結合し、貪食細胞の貪食機能を促進させ微生物の破壊をおこなう。

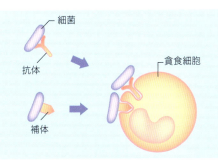

自然免疫の活性化

病原微生物をToll様受容体で認識すると、マクロファージは炎症性サイトカインを分泌して自然免疫を活性化させる。

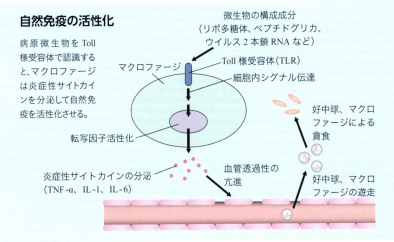

を惹起する。これは、血管を拡張させ、血管の透過性を亢進*させる。この作用により、好中球、マクロファージなどが血中から血管外に浸潤*し、走化し、食作用により異物である病原体を貪食する。また発熱、腫脹*、発疹、疼痛などの生体現象を引き起こすことも知られている。

また、マクロファージは、IL-6を分泌することにより肝細胞を刺激し、補体成分、C反応性タンパク質（CRP）などを含む急性期タンパク質を合成する。補体成分は、オプソニン作用と呼ばれる食菌亢進や、溶菌・細

用語解説
浸潤：その組織固有のものでない細胞が組織の中に出現すること
腫脹：炎症などが原因で身体の一部がはれ上がること

Chapter 1 ウイルスと細菌の基礎知識

胞膜傷害作用があることが知られ、好中球・マクロファージの貪食作用を亢進する。

2. 獲得免疫（特異的免疫）

獲得免疫は抗原特異的に病原体の排除にあたる機構であり、個体にある病原体がはじめて侵入した際に病原体の抗原特異的な抗体が産生され、その情報が記憶を担当するT、Bリンパ球に記憶される。Tリンパ球は、胸腺において産生され、CD抗原の違いからCD4陽性ヘルパーT細胞、CD8陽性キラーT細胞に分化する。Bリンパ球は骨髄において産生される。

(1) 液性免疫

骨髄で成熟したB細胞は、MHCクラスIIによる抗原提示により病原体（異物）を認識したヘルパーT細胞からの刺激で、形質細胞（プラズマ細胞）に分化し、抗原特異的な抗体（免疫グロブリン：immunogloblin:Ig）を産生する。異物が、個体に最初に侵入した場合には、一次応答としてIgM、遅れてIgGを産生する。IgGは、血中抗体の主体をなし、胎盤を通過し、新生児に母体の免疫を伝達している。個体に同一異物が侵入した際には、記憶リンパ球によりただちに、IgGが大量に長期間産生されるため、病原体による病気を発症せず、これがワクチンの原理となっている。

(2) 細胞性免疫

病原体が細胞に感染すると感染細胞は病原体をMHCクラスIにより抗原提示し、それを認識したCD8陽性キラーT細胞により、異物の場合は感染細胞がアポトーシス*に誘導される。また、マクロファージなどにより貪食されても生存する、リステリア・サルモネラ・レジオネラなどの細菌に対しては、CD4陽性ヘルパーT細胞により活性化されたマクロファージが殺菌にあたることが知られている。

 アポトーシス：プログラムされた細胞死であり、周囲の細胞に影響を与えない。がん抑制遺伝子産物のp53により制御されている

液性免疫のしくみ

一度病原体を認識したB細胞の一部は記憶細胞として、二度目以降の病原体の侵入に対してただちに抗体をつくることができる。

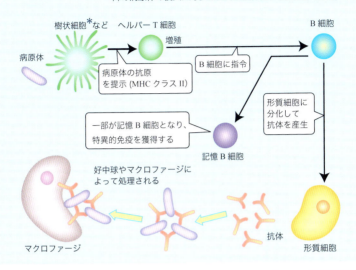

細胞性免疫のしくみ

細胞内の病原体には抗体が直接働かないので、細胞が感染している場合は、細胞性免疫により細胞を直接攻撃する。

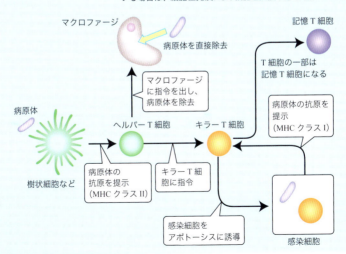

用語解説　**樹状細胞**：抗原提示細胞として機能する免疫細胞の一種であり、身体の中に入り込んだ病原体の抗原を、他の免疫系の細胞に伝える役割を持つ

Chapter 1 ウイルスと細菌の基礎知識

ワクチン
病気を事前に防ぐために

　子どもの頃に水ぼうそうや麻疹にかかった人は、再びそれらにかかることはないと一般的にいわれる。いわゆる「二度なし」の現象である。人間の免疫系には以前に感染した病原体の記憶が残されているため、再び同じ病原体がやって来てもすぐに追い払うことができるのである。そこで、無毒化した病原体やその成分を人工的に接種することによって免疫記憶をつくり、その病原体に感染しない免疫力をつけるのがワクチンである。

　ワクチンには大きく分類すると、弱毒生ワクチンと不活化ワクチンに分けられる。前者は「生」のワクチン、つまり生きた病原体を接種するのである。接種されるとヒトの体内で増殖す

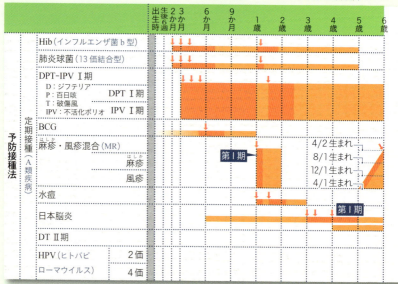

日本の定期予防接種スケジュール（20歳未満） 2015年5月18日以降

るため、免疫系が持続的に刺激を受け免疫力が高められるのである。ワクチンに使用する病原体は毒性を弱めたものを使用しており、病気を発症することはない。一方の不活化ワクチンは、病原体を殺した後の成分を接種するものである。この場合、病原体は生体内で増えることはないので一回の接種では免疫系の活性化は不十分である。三種混合ワクチン(ジフテリア、百日咳、破傷風)を繰り返し打たなければならないのはこのためである。

比較的新しいワクチンとしては、インフルエンザ菌b型に対するHibワクチンや、肺炎球菌に対する肺炎球菌ワクチンが近年開発された。また、ポリオワクチンは以前は生ワクチンを使用していたが、近年では不活化ワクチンが使用されるようになり、ジフテリア・百日咳・破傷風と合わさった四種混合ワクチン(DPT-IPV)に使用されている。

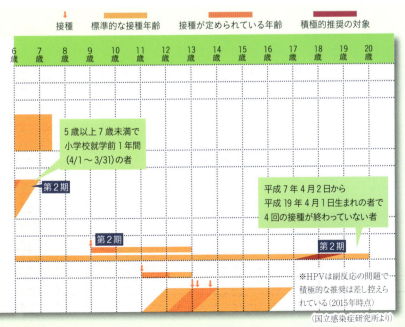

(国立感染症研究所より)

ワクチンの開発

　ワクチンは、イギリス人医師のジェンナーによって1798年に発見された。当時、天然痘は致死率が約30%という恐ろしい病気であり、多くの命が天然痘により失われていた。ジェンナーがワクチンを発見するきっかけとなったのは、ある農家の女性であった。その女性は以前に天然痘に似た牛痘にかかっており、その結果天然痘にはかからないとのことであった。そこで、ジェンナーはとある少年に牛痘を接種しワクチンとして機能するかを試みた。その少年には天然痘を接種しても天然痘を発症することはなかった。こうして、世界ではじめてのワクチンは成功したのであった。その後、天然痘ワクチンは世界中に広まり、1980年には世界保健機構（WHO）により天然痘の根絶宣言が発表され、天然痘は地球から完全に葬り去られたのである。これは人類の大きな勝利である。

種痘をおこなうジェンナー

Chapter 2 感染症からみたウイルス・細菌

Chapter 2 感染症からみたウイルス・細菌

肺　炎
生命をおびやかす身近な感染症

　代表的な細菌感染症といえば細菌性肺炎で間違いないであろう。日本人の死因の中で、第1位の悪性新生物（がん）、第2位の心疾患に次いで肺炎は第3位である。2014年の日本人の死亡数は126万9000人で、そのうち肺炎で死亡したのは11万8000人である。日本人の10人に1人が肺炎で亡くなっている計算である。高齢者は特に肺炎になりやすい。そのひとつの理由として、誤嚥があげられる。私たちは、食べ物が誤って気管に入ったとき、反射的に咳をすることで食べ物が肺に入らないようにしている。ところが、高齢者では咳反射が低下するため、食べ物が肺に入りやすくなっている。食べ物と一緒に細菌が肺へと入り込むことによって起きる肺炎が誤嚥性肺炎であり、高

日本人の死亡原因別死亡率の推移

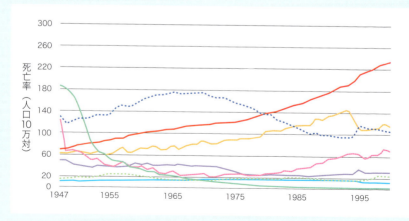

齢者に多くみられるのである。

　肺は呼吸をするのに必要な臓器でその末端は肺胞と呼ばれており、そこでは大気中の酸素を血液へ取り込み血液中の二酸化炭素を大気中へ放出するガス交換がおこなわれている。この肺胞には肺胞マクロファージという白血球がいて細菌が侵入したとしてもそれを食べてしまうため、肺胞の中は無菌状態となっている。

　しかし、肺炎球菌は菌体のまわりに莢膜を持っているため、マクロファージによる貪食から逃れることができる。またレジオネラ菌はマクロファージに貪食されても、マクロファージ内で生き延びる機構を備えている。このような細菌は肺胞の中で増殖していき、肺胞の組織に炎症を引き起こす。このような状態が肺炎である。肺炎になると発熱とともに咳や痰が出るようになり、胸のレントゲン写真を撮ると白い影となって写る。肺炎が重症化すると、肺でのガス交換ができなくなり呼吸不全（酸欠状態）で死亡するおそれがある。

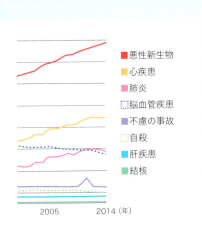

(厚生労働省 人口動態統計より)

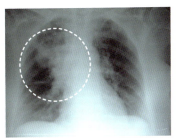

肺炎患者の胸部レントゲン写真では肺に白い影が写る

肺炎球菌
Streptococcus pneumoniae

感染経路	飛沫感染、内因感染
ワクチン	肺炎球菌莢膜ポリサッカライドワクチン、肺炎球菌結合型ワクチン
大きさ	直径 0.5〜1.0μm前後

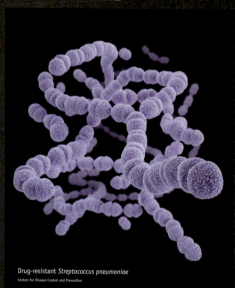

Drug-resistant *Streptococcus pneumoniae*
Centers for Disease Control and Prevention

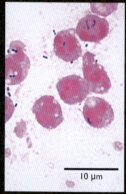

10 μm

グラム陽性の球菌で、2個ずつ並んだ双球菌である。その名の通り、肺炎を引き起こす。莢膜をつくるため、白血球からの貪食に抵抗性である。健常者の上気道にも少数生息している常在菌である。肺炎以外にも、中耳炎、副鼻腔炎、髄膜炎の原因にもなる。重症肺炎や髄膜炎の予防のために、小児を対象とした任意接種ワクチンが2010年からはじまっている。また、高齢者において肺炎は死亡の主要因になっていることから、2014年から65歳以上を対象としたワクチンの定期接種がはじまっている。治療にはペニシリンが使用されるが耐性菌(ペニシリン耐性肺炎球菌:PRSP)が問題となっている。

写真／左:3Dイメージ画像(U.S. Centers for Disease Control and Prevention - Medical Illustrator)、右:グラム染色写真(北里大学医療衛生学部微生物学研究室)

肺炎マイコプラズマ
Mycoplasma pneumoniae

感染経路　飛沫感染
ワクチン　無
大きさ　直径 125〜250nm

マイコプラズマは細菌でありながら、細胞壁を持たないという点で特殊な細菌に区分される。細胞壁を持たないため、形は定まっておらず様々な形を呈する。また、細胞壁の合成を阻害する抗菌薬は効果がない。肺炎マイコプラズマは、その名の通り肺炎を引き起こす。肺炎の原因微生物として頻度の高いもののひとつである。特に5歳から14歳くらいの学童に多く発生するが、最近は高齢者にも多い。感染力も比較的高いため注意が必要である。症状は一般的な細菌性肺炎と異なるため、異型肺炎（非定型肺炎）とも呼ばれる。痰はあまり出ないが、頑固な咳が出るのが特徴である。以前は4年周期でオリンピックの年に流行していたため、オリンピック病と呼ばれていた。

写真／左：電子顕微鏡写真(Science Source / amanaimages)、右：光学顕微鏡写真(コロニー像)(北里大学医療衛生学部微生物学研究室)

Chapter 2 感染症からみたウイルス・細菌

レジオネラ菌
Legionella pneumophila

感染経路	空気感染（エアロゾル感染）
ワクチン	無
大きさ	2〜20 × 0.3〜0.9μm

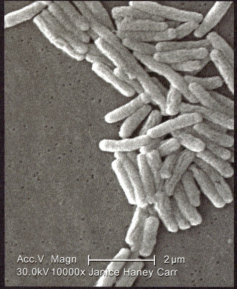

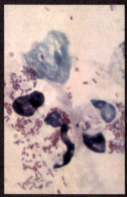

1976年にアメリカ・フィラデルフィアのホテルで開催された在郷軍人大会の際、その参加者や通行人に多数の肺炎患者が生じ、死亡者も出た。この肺炎は在郷軍人病と名付けられた。後に原因細菌が判明し、その細菌は在郷軍人病（legionnaires' disease）にちなんでレジオネラ菌と命名された。この細菌は主に湖沼などにおいてアメーバに寄生して生息している。この集団発生は、ホテル屋上に設置していたクーリングタワー内でレジオネラ菌が増殖し、エアロゾルとして拡散したのが原因だった。循環式の24時間風呂や温泉などにおいても増殖し感染する可能性がある。特に免疫力の低下する高齢者においては注意が必要である。レジオネラ菌が人から人へうつることはないとされている。

写真／左:電子顕微鏡写真（Janice Haney Carr）、右:ヒメネス染色写真

結　核
肺をゆっくり蝕んでいく病

　かつて日本も含めて世界中で猛威を振るっていた結核は、衛生環境の改善、栄養状態の向上、ワクチン・治療薬の開発により、患者数は大幅に低下した。しかし、決して過去の病気ではなく、現在もなお多くの感染者と死亡者を出し続けている恐るべき感染症なのである。結核は結核菌によって引き起こされる感染症で、主に肺が侵され、肺組織がゆっくりと蝕まれる病気である。さらに結核菌は全身に広がっていき、感染者は青白く痩せていきやがては死に至る。その様子から「白いペスト」とも呼ばれ、恐れられていた。

　結核菌がはじめて発見されたのは1882年のことである。偉大なドイツの細菌学者ロベルト・コッホの手により、結核患者から結核菌を分離することに成功した。結核菌は、細胞壁に多量の脂質を含んでおり従来の染色方法では染色できなかったこと、また増殖速度が非常に遅いため培養がしがたかったことが、その発見を困難なものにしていた。この成果により、ロベルト・コッホは1905年にノーベル生理学・

結核治療をおこなっていたサナトリウム

結核の療養所としてのサナトリウムは日当たりがよく空気が澄んだ場所に建てられていた。結核の治療には新鮮な空気が良いと考えられていたのだった

感染症からみたウイルス・細菌

医学賞を受賞している。

BCGはウシ型結核菌の生ワクチンである。1921年に、フランスの研究者であるアルベール・カルメットとカミーユ・ゲランによって開発された。カルメット・ゲラン桿菌（Bacille de Calmette et Guérin）がBCGの名前の由来である。さらにいくつかの治療薬（ストレプトマイシン、イソニアジド、リファンピシンなど）が開発され、患者数は激減した。

ところが日本においては、近年患者数は下げ止まっている。免疫力の低下した高齢者を中心に感染が広がっているのである。世界においてはエイズ患者を中心に結核の感染が拡大し、結核は現在もなお多くの犠牲者を出し続けているのである。

国別の結核死亡率の推移

結核対策により結核死亡率は減少したものの、日本においては下げ止まっており、先進諸国の中では死亡率が高い

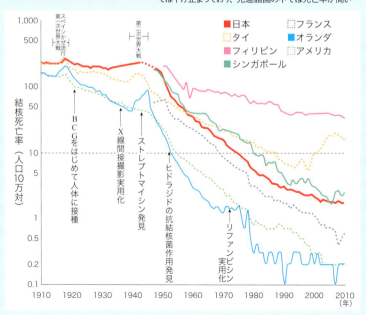

（公益財団法人結核予防会　結核の統計より）

結核菌
Mycobacterium tuberculosis

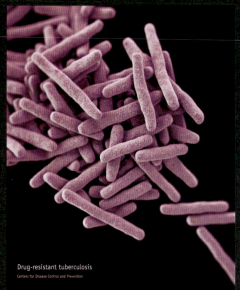

感染経路	空気感染（飛沫核感染）
ワクチン	BCG ワクチン
大きさ	1〜4 × 0.3〜0.6μm

Drug-resistant tuberculosis
Centers for Disease Control and Prevention

10 μm

　結核菌はグラム陽性の桿菌であるが、細胞壁に多量の脂質を含んでいるためグラム染色で染色されにくい。特殊な染色法である抗酸染色で染色されることから抗酸菌というグループに分類される。酸性の塩酸アルコールによる脱色に抵抗性を示すことを抗酸性といい、抗酸染色においては、一般的な細菌は脱色されてしまうが、結核菌は脱色されずに赤色（フクシン染色液）を呈する。また結核菌は、一般的な細菌に比べて発育が非常に遅いことも特徴である。大腸菌では2分裂に要する時間が20〜30分であるのに対し、結核菌は14時間程度を要する。培養検査の結果が判るにはおよそ1カ月を要する。

写真／左：3Dイメージ画像（U.S. Centers for Disease Control and Prevention - Medical Illustrator）、右：Ziehl-Neelsen染色写真（北里大学医療衛生学部微生物学研究室）

中耳炎、咽頭炎
子どもに多くみられる病気

　子どもの頃によく中耳炎になったという方も多いではないだろうか。中耳炎も基本的には細菌による感染症である。中耳は鼓膜の奥にある空間で、鼓膜の振動を内耳へと伝える役割がある。この空間は肺胞と同じように普段は無菌の状態に保たれている。中耳は耳管という管によって鼻咽頭につながっていて、普段は耳管はほとんど閉じている。外部の圧力が変化すると、中耳内の圧力と差が生じて鼓膜が一方に引っ張られてしまう。エレベータで急に高いところまで上がったり、電車でトンネル内を通過したりすると耳に違和感を覚えることが多いのはこのためである。その際、つばを飲み込む動作により耳管が開くので、中耳内の圧力が調整され耳の違和感は無くなるのである。細菌がこの耳管を通過することによって中耳に達すると中耳炎が引き起こされる。鼻咽頭には常在菌として、インフルエンザ菌やモラクセラ・カタラーリスなどの細菌が生息しており、これが中耳炎の原因になることが多い。また、小

耳の構造

耳管を通って中耳内に細菌が入ることで中耳炎が引き起こされる

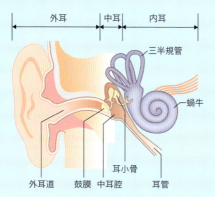

児の耳管は長さが短く、角度も水平に近いため鼻咽頭内の細菌が中耳に入り込みやすい。子どもに中耳炎が多いのはこのためである。

　子どもの頃にかかったといえば、中耳炎の他に咽頭炎があろう。咽頭炎になると発熱とともに喉の痛みが出現する。扁桃腺は赤く腫れ上がり、痛くて食べ物が飲み込めない状態になる。扁桃腺は正確には分泌腺*ではないので、医学的には「扁桃」と呼ばれる。扁桃はリンパ組織であり、この中で免疫細胞が活性化される。部位によって口蓋扁桃、舌扁桃、耳管扁桃、咽頭扁桃と呼ばれ、これらが咽頭の入口を取り囲み生体防御の役割を担っている。扁桃の表面はでこぼこしており、外部からの病原体をリンパ組織内に取り込みやすいようにしている。しかし、そのため表面には細菌が付着しやすく、化膿レンサ球菌などの病原体が付着して炎症を起こすと、扁桃が赤く腫れ上がり痛みを生じるのである。よく扁桃腺持ちといわれるのは、扁桃炎を起こしやすい体質を持っているという意味で、扁桃は誰もが持っているリンパ組織である。

扁桃の場所

扁桃は場所によって口蓋扁桃、舌扁桃、咽頭扁桃などと呼ばれている

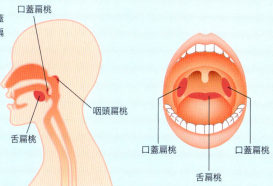

 分泌腺：外分泌腺と内分泌腺に分けられる。唾液腺、涙腺、汗腺などの外分泌腺は分泌物を体の外に放出する。一方、甲状腺や脳下垂体などの内分泌腺は分泌物であるホルモンを血液中に放出する

インフルエンザ菌
Haemophilus influenzae

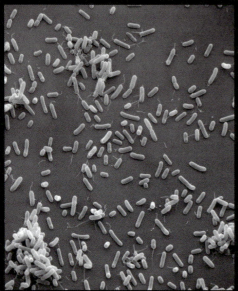
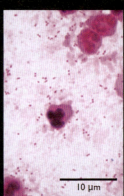

感染経路	飛沫感染、内因感染
ワクチン	インフルエンザ菌b型(Hib)ワクチン
大きさ	幅が1μm未満の多形性

10 μm

インフルエンザ菌は、誤って命名されてしまった細菌である。1800年代に、インフルエンザの患者から分離された細菌であるが、当時はウイルスの存在が知られてなかったため、この分離された細菌はインフルエンザ菌と名付けられてしまったのである。その後、インフルエンザの原因はインフルエンザウイルスによるものと判明している。この細菌はヒトの上気道の常在菌で、グラム陰性の小型の桿菌である。肺炎の主要な原因菌で、他にも髄膜炎の原因菌となる。莢膜のタイプがb型のものは病原性が高く、それに対するHib(*Haemophilus influenza* type b)ワクチンが使用されている。

写真／左：電子顕微鏡写真(Science Source ／ amanaimages)、右：グラム染色写真(北里大学医療衛生学部微生物学研究室)

化膿レンサ球菌（A群溶連菌）
Streptococcus pyogenes (Group A Streptococcus)

感染経路	接触感染、飛沫感染、創傷感染、内因感染
ワクチン	無
大きさ	直径 0.5 ～ 1.0μm前後

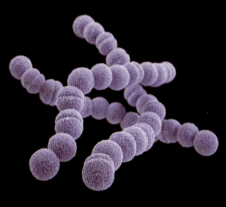

Erythromycin-resistant Group A *Streptococcus*
Centers for Disease Control and Prevention

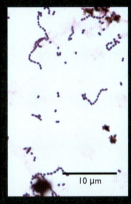

10 μm

　この細菌は化膿レンサ球菌と呼ばれ、化膿性疾患を引き起こす代表的な細菌である。グラム陽性の連鎖状の球菌である。ヒトの上気道の常在菌であるが、種々の毒素を産生し様々な疾患を引き起こす。小児の咽頭炎の原因菌として分離される頻度が高い。A群溶連菌による咽頭炎の後に、合併症としてリウマチ熱や急性糸球体腎炎を発症することがあるので注意する必要がある。その他に、壊死性筋膜炎など、劇症型連鎖球菌感染症を引き起こし致命的となることがある。この場合、急速にヒトの組織を破壊していくため、「人食いバクテリア」とも呼ばれ恐れられている。

写真／左:3Dイメージ画像(U.S. Centers for Disease Control and Prevention - Medical Illustrator)、右:グラム染色写真(北里大学医療衛生学部微生物学研究室)

風邪とインフルエンザ
冬場に気を付けたい病気

　急に寒くなったり疲れたりなどすると「風邪をひく」ことがあるが、この場合伝染する事はない。多くの風邪の症状は、鼻みず、のどの痛み、咳などの気道感染症である。従って全身症状はほとんどみられない。

　いわゆる風邪（普通感冒）を起こすウイルスには、多種にわたり、ヒトライノウイルス、RSウイルス、コロナウイルス、パラインフルエンザウイルス、ヒトメタニューモウイルス、アデノウイルスなどが知られている。気道感染症のウイルスの伝播は飛沫感染が主であるが、いわゆる鼻風邪を起こすコロナウイルスやヒトライノウイルスは、鼻分泌物に多量のウイルスが存在する。中でもエンベロープを持たないヒトライノウイルスはアルコールや加熱に抵抗性があり、主に鼻分泌物がついた手から直接あるいは間接的に手指や器物を介して感染する hand-to-hand の感染（接触感染）様式をとる。

　インフルエンザとはイタリア語の influenza・天体の影響という意味で、「流行性感冒（流感）」と呼ばれるインフルエンザウイルスの感染で起こる疾患である。感染すると、1～3日間の潜伏期間を経て、突然の高熱、全身倦怠感、筋肉関節の痛みを伴い全身症状を呈する。小児ではひきつけや脱水症、高齢者では肺炎などときには死にいたる合併症をひき起こす。特に小児では意識障害などの神経症状が出て死亡するインフルエンザ脳症が起きることがある。

　インフルエンザウイルスはヌクレオカプシドの抗原性によりA型、B型、C型にわかれ、A

型は赤血球凝集（HA）の抗原性、ノイラミニダーゼの抗原性により144の亜型がある。A型のHAとNAの抗原変異には連続変異と不連続変異があり、後者の場合大流行を起こす。自然宿主はカモですべての亜型に感染し、体内で増殖するが変異することはない。

スペインかぜの患者で埋まったアメリカ軍の野戦病院

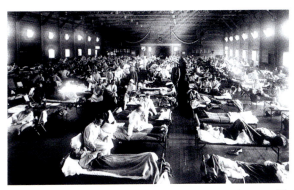

スペインかぜは1918～19年に世界的に流行したインフルエンザである。感染者5億人、死者5,000万～1億人と爆発的に流行した

インフルエンザウイルスの分類

ウイルス型	特徴	主な症状
A型	連続変異、不連続変異を起こし、しばしばパンデミックを起こす。	高熱、喉の痛み、鼻づまり。呼吸器系の合併症を引き起こす可能性もある。
B型	A型インフルエンザウイルスのような抗原変異はない。	腹痛や下痢など消化器系の症状が出やすい。A型よりも症状は軽い。
C型	大多数の人が幼少期に感染する。	鼻水が多く出る程度。症状が軽い、あるいは気付かない場合もある。

インフルエンザウイルス
Influenza virus

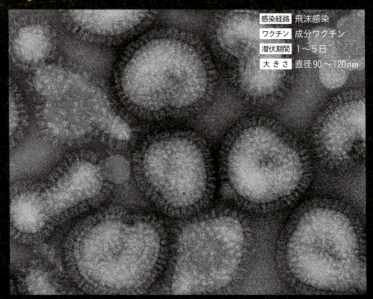

感染経路	飛沫感染
ワクチン	成分ワクチン
潜伏期間	1〜5日
大きさ	直径90〜120 nm

オルソミクソウイルス科の1本鎖RNAウイルスである。ウイルスのRNAは、7(C型)〜8(A、B型)本の分節構造をとる。ヌクレオカプシドの抗原性の違いによりA、B、C型の3種類に分かれる。ヒトインフルエンザは、主にA型またはB型インフルエンザウイルスにより引き起こされる。ウイルスの伝播は、飛沫、手から接触による感染のため短期間に人から人へと広がる。ウイルス粒子表面のエンベロープには赤血球凝集素とノイラミニダーゼと呼ばれる2種類の糖タンパク質が存在し、A型ウイルスが毎年流行を繰り返すのは、この2種類の糖タンパク質の抗原性が変化することによる。予防法は成分ワクチンによる。

パラインフルエンザウイルス
Parainfluenza virus

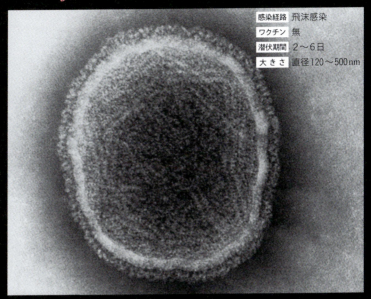

感染経路	飛沫感染
ワクチン	無
潜伏期間	2〜6日
大きさ	直径120〜500nm

パラミクソウイルス科の1本鎖RNAウイルスである。急性呼吸器系感染症を引き起こすウイルスで、インフルエンザウイルスと同じくウイルスを包むエンベロープを持つ。反面オルソミクソウイルス科のインフルエンザウイルスのRNAのような分節構造を取らず、長い1本の鎖状である。大きさは120〜500nmで、インフルエンザウイルスより大きく、多様性を持ち、4型、5種類に区分されている。小児のグループは、鼻炎型、気管支炎型、細気管炎支型、肺炎型などの呼吸器感染症を引き起こすことで知られている。1年間通じていずれかの型式が流行していることが多く、うがい手洗いなどの日常的なケアは欠かせない。小児と成人の症状は異なり、成人は一般的に軽症で済んでいる。

写真／電子顕微鏡写真(Science Photo Library / amanaimages)

ヒトライノウイルス
Human rhinovirus

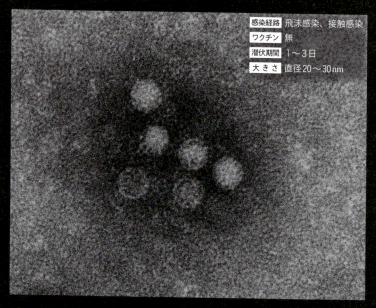

感染経路	飛沫感染、接触感染
ワクチン	無
潜伏期間	1〜3日
大きさ	直径20〜30 nm

　ピコルナウイルス科の1本鎖RNAウイルスである。血清型は100以上あるといわれている。本ウイルスの感染症は急性呼吸器疾患において最も普遍的で、普通感冒いわゆる風邪の形で発症し、年平均成人で2〜4回、小児では6〜10回みられる。本ウイルスの感染様式は主として鼻分泌物（鼻汁）がついた手から、直接あるいは間接的に他人の手指や器物を介して感染するHand-to-handの感染様式をとる。ワクチンなどの予防法は確立されていない。

写真／電子顕微鏡写真（Science Photo Library ／ amanaimages）

RSウイルス
Respiratory syncytial virus

感染経路	飛沫感染、接触感染
ワクチン	無
潜伏期間	4～6日
大きさ	直径150～250nm

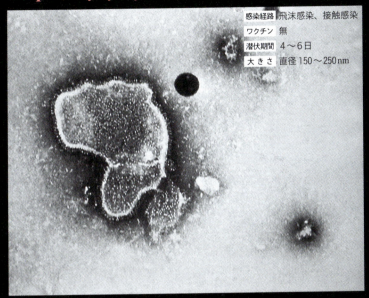

パラミクソウイルス科の1本鎖RNAウイルス。赤血球凝集素、ノイラミニダーゼ活性がないため、ニューモウイルスに分類されている。ヒト、チンパンジー、ウシなどを宿主とし、感染症法では五類感染症とされている。日本では11月から1月にかけての流行が多く、乳幼児の肺炎の50%、細気管支炎の50～90%を占めるとの報告もある。母体からの抗体では感染が防げないため、3歳までの間にほぼすべての小児が罹患し抗体を獲得するといわれている。このため放置したり発見が遅れたりすると、死に至ることも多く、その数は呼吸器感染症中第3位である。高齢者も発病から死に至るケースが多い。上気道から侵入するため、予防として、うがい手洗いを心がける必要がある。

写真／電子顕微鏡写真(Science Photo Library／amanaimages)

SARSコロナウイルス
SARS coronavirus

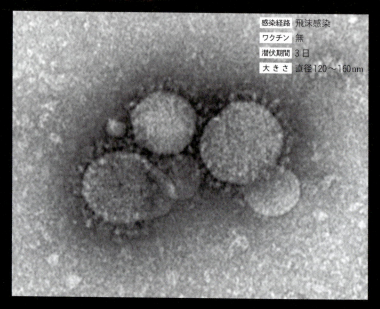

感染経路	飛沫感染
ワクチン	無
潜伏期間	3日
大きさ	直径120〜160nm

コロナウイルス科の1本鎖RNAウイルス。コロナウイルスはウイルス表面に棍棒状のスパイクがたくさん突き出ていて、太陽のコロナのように見えることから命名された。人体の鼻腔内33℃が最も活動的になる温度であるためヒトの鼻腔で増殖し風邪の症状を引き起こす。ヒトに症状を示すものをSARSコロナウイルスと呼んでいる。感染部は鼻腔の上皮細胞のみ。人体の上気道（鼻腔、咽頭、喉頭）での症状は鼻水、鼻づまり、軽い発熱、喉の痛みなど。時々下痢の症状をみせることもある。潜伏期間は3日。咳やくしゃみなどの呼吸部分からの飛沫感染で伝播し、症状は1週間ほどのうちには収まる。抗ウイルス薬、ワクチンはない。

写真／電子顕微鏡写真（Corbis / amanaimages）

ムンプスウイルス
Mumps virus

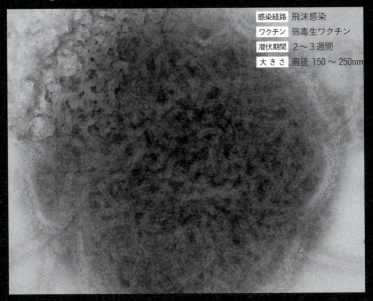

感染経路	飛沫感染
ワクチン	弱毒生ワクチン
潜伏期間	2〜3週間
大きさ	直径 150 〜 250nm

パラミクソウイルス科の1本鎖RNAウイルスである。ムンプスウイルスは、小児に多くみられる流行性耳下腺炎の原因ウイルスである。ウイルスは、鼻腔粘膜や上気道粘膜上皮で増殖した後、局所リンパ節へ移行し、血中にウイルスが運ばれ全身に感染が拡大する(ウイルス血症)。唾液腺、主として耳下腺でウイルスが増殖するといわれ、耳下腺の腫脹が最も特徴的な症状であるためおたふく風邪とも呼ばれる。無菌性髄膜炎のなかで、本ウイルスによる症例は比較的多いとされている。合併症には、ムンプス性難聴があり、高度の難聴を後遺症として残す。その他膵臓炎、精巣炎、卵巣炎などが症状として知られている。

写真／電子顕微鏡写真(Science Source / amanaimages)

感染性心内膜炎
心臓にできる菌の塊

　原因不明の発熱が続き、病院で何回か検査をおこなっても熱の原因がよくわからないことがある。こういった状態を医学用語では不明熱と呼んでいる。原因は感染症以外にも、悪性腫瘍や膠原病*など様々な病気が不明熱の原因となる。感染性心内膜炎は不明熱の原因になりやすいことで有名である。これは、心臓の中の弁に細菌が付着することによって起こる感染症で、発熱以外にあまり症状が出ない。しかし、そのまま放置している

細菌による疣贅の形成

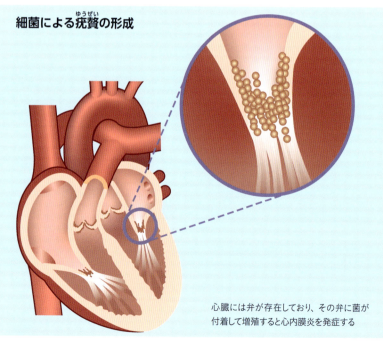

心臓には弁が存在しており、その弁に菌が付着して増殖すると心内膜炎を発症する

用語解説　膠原病：自己に対する免疫反応が原因となり全身の血管や皮膚、筋肉、関節などに炎症がみられる病気の総称

と心臓の弁は細菌によって破壊され、心臓は血液を全身に送り出せなくなってしまう。また、細菌の塊が弁から取れると、その塊が血流に乗って脳の血管が詰まって脳梗塞という事態も起こり得る。心臓超音波検査をおこなうと、心臓の弁の部位に菌の塊（疣贅（ゆうぜい）という）を観察することができる。

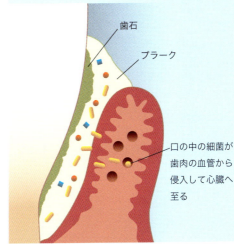

細菌が血管に侵入するようす

歯の治療や歯周病により歯肉が傷ついた際に、口の中の細菌が血管に侵入することがあり、それが心内膜炎の原因となる

歯石

プラーク

口の中の細菌が歯肉の血管から侵入して心臓へ至る

　この細菌はどこからやって来て心臓に感染するのだろうか？感染性心内膜炎の原因になる細菌には、緑色連鎖球菌が多い。血液寒天培地でコロニーの周辺が緑色に変色するのでこの名前がついている。この細菌は普段は口の中に住み着いている常在細菌なのである。虫歯の治療などで歯を抜いたりしたときに、出血した血管から緑色連鎖球菌が入り込むことがある。これが、たまたま血流に乗って心臓の弁に到達すると、ここで感染を起こし感染性心内膜炎となってしまうのである。生まれつき心臓の弁に異常があったり以前に心臓弁の手術をしたことのある人は特に感染性心内膜炎にかかりやすい。そこで、そのような人たちは歯の治療を受けるときには抗菌薬を服薬して、感染性心内膜炎の予防をする必要がある。

Chapter 2 感染症からみたウイルス・細菌

黄色ブドウ球菌
Staphylococcus aureus

Methicillin-resistant *Staphylococcus aureus* (MRSA)
Centers for Disease Control and Prevention

感染経路	接触感染、経口感染、創傷感染、内因感染
ワクチン	無
大きさ	直径0.5〜1.5μm前後

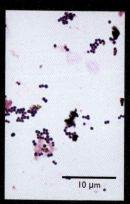

10 μm

グラム陽性の球菌で、ブドウの房状に発育する。ヒトの皮膚や鼻腔の常在菌である。常在菌でありながら種々の病原因子を産生し、様々な感染症を引き起こす。「毒素のデパート」とも呼ばれており、表皮剥離毒素は皮膚感染症、腸管毒素は食中毒、毒素性ショック症候群毒素は毒素性ショック症候群を引き起こすなど、多彩な毒素を産生する。また、薬剤耐性菌も問題となっており、メチシリン耐性黄色ブドウ球菌（MRSA）は、院内感染症において最も分離頻度の高い薬剤耐性菌である。

写真／左:3Dイメージ画像(U.S. Centers for Disease Control and Prevention - Medical Illustrator)、右:グラム染色写真(北里大学医療衛生学部微生物学研究室)

緑色連鎖球菌
Streptococcus viridans

感染経路	内因感染
ワクチン	無
大きさ	直径2.0μm以下

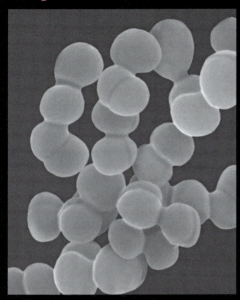

血液寒天培地で培養すると、溶血作用によりコロニー周囲が緑色に変化するためこの名がついている。グラム陽性の連鎖状の球菌である。ヒトの口腔内の主要な常在菌で、病原性はそれほど高くない。緑色連鎖球菌の一種であるミュータンス菌は虫歯の原因菌のひとつである。また、歯科治療の際に、口腔内の緑色連鎖球菌が血液中に入り込み、これが心臓の弁に到達すると感染性心内膜炎を起こすことがある。

写真／左:電子顕微鏡写真(Visuals Unlimited, Inc. / amanaimages)、右:コロニー写真(北里大学医療衛生学部微生物学研究室)

菌血症、敗血症
血流に乗って細菌が全身に回る

ヒトの身体にはあらゆる部位に常在細菌が生息している。しかし、特定の部位には菌は存在しておらず、そのひとつが血液である。血液には免疫細胞が常に巡回しており、また補体やリゾチームといった抗菌物質が存在しているため、細菌にとって生息しにくい部位なのである。そんな血液内でも、免疫力が低下していたり、多量の菌が侵入してきたりした場合には、血液中に細菌が存在するような状態となる。この状態は菌血症と呼ばれる。

細菌はどこから血液に侵入するのだろうか。わかりやすい例としては、傷口である。傷口は怪我をしたときだけでなく、手術で皮膚を切開したり、点滴をするのに血液カテーテルを静脈に挿入するときにもできる。皮膚には表皮ブドウ球菌や黄色ブドウ球菌などが生息しているので、これが傷口から侵入することによって菌血症を起こすのである。重度の火傷を負うと、バリアーとなる皮膚がはがれ落ちてしまうので、緑膿菌などの環境細菌が容易に侵入してきてしまう。

他にも毛細血管が豊富な組織に感

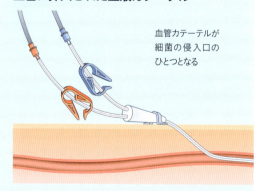

血管に挿入された血液カテーテル

血管カテーテルが細菌の侵入口のひとつとなる

染症が起きると、その毛細血管から菌が侵入する。その例としては、肺炎球菌による肺炎や、大腸菌による腎盂腎炎（じんうじんえん）が挙げられる。これらの感染症では肺炎球菌や大腸菌の菌血症がみられる。

菌血症が持続すると、体中に菌が回って全身性の炎症を引き起こす。高熱が出て、心拍数や呼吸数が上がり、血液検査では白血球が増加する。このような状態を敗血症という。敗血症は、進行すると体中の臓器が傷害され多臓器不全となり、命に関わる重篤な状態である。

敗血症の病態

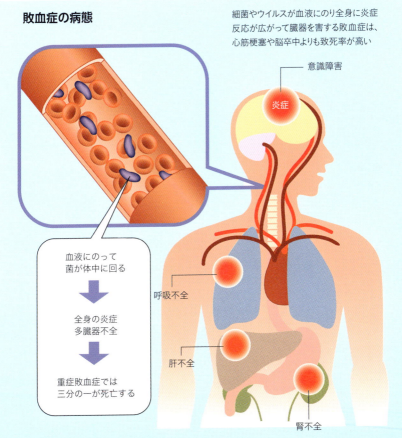

細菌やウイルスが血液にのり全身に炎症反応が広がって臓器を害する敗血症は、心筋梗塞や脳卒中よりも致死率が高い

- 意識障害
- 炎症
- 呼吸不全
- 肝不全
- 腎不全

血液にのって菌が体中に回る
↓
全身の炎症 多臓器不全
↓
重症敗血症では三分の一が死亡する

緑膿菌
Pseudomonas aeruginosa

感染経路	接触感染、内因感染
ワクチン	無
大きさ	1.3〜3.0×0.5〜0.8μm

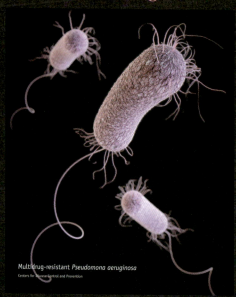

Multidrug-resistant *Pseudomona aeruginosa*
Centers for Disease Control and Prevention

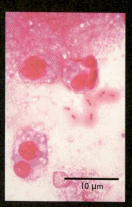

10 μm

グラム陰性の桿菌で、環境中に幅広く分布している。緑色の色素を産出し、化膿した部位が緑色になることからこの名が付いた。少ない栄養素でも発育することができるので、湿気のある環境であればあらゆるところに存在し得る細菌である。病原性は低いため、健康なヒトに病気を起こすことはほとんど無い。病院内では免疫力が低下した患者が多く、病院内での肺炎や尿路感染症の代表的な起炎菌である。さらにやっかいなことに、薬剤に対する抵抗性が高い。多剤耐性緑膿菌（MDRP）は、多くの系統の抗菌薬が無効であり、ごく一部の治療薬でしか治療することができない。

写真／左：3Dイメージ画像（U.S. Centers for Disease Control and Prevention - Medical Illustrator）、右：グラム染色写真（北里大学医療衛生学部微生物学研究室）

肺炎桿菌
Klebsiella pneumoniae

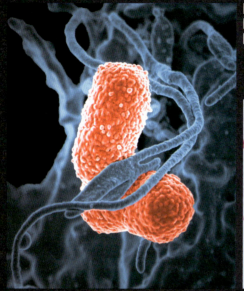

感染経路	接触感染、内因感染
ワクチン	無
大きさ	0.3〜1.0×0.6〜6.0μm

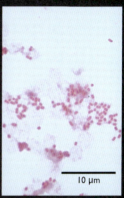

10 μm

ヒトの腸管内に常在するグラム陰性の桿菌である。その名の通り肺炎の起炎菌である。その他にも尿路感染症や肝・胆道系感染症の原因となる。重症感染症では血流に乗って全身に広がり敗血症を引き起こす。粘稠性(ねんちょう)のムコイド物質を産生するため、培養したコロニーは触れると糸を引くのが特徴である。一部の肺炎桿菌はKPC（Klebsiella pneumoniae carbapenemase）と呼ばれる酵素を産生し、抗菌薬を分解してしまう。そのため、KPCで分解されないような抗菌薬を使用しないと感染症を治療することはできない。

写真／左：3Dイメージ画像(David Dorward; Ph.D.; National Institute of Allergy and Infectious Diseases (NIAID))、右：グラム染色写真(北里大学医療衛生学部微生物学研究室)

髄膜炎、脳膿瘍
脳を侵す重篤感染症

細菌は身体のあらゆる部位に感染症を引き起こす。ときには中枢神経系である脳や脊髄にも感染し、重篤な感染症を引き起こす。脳は大変デリケートな組織であり、豆腐のようにやわらかいため衝撃には非常に弱い。そこで脳は頭蓋骨という頑丈な骨に囲まれており、さらに外からの衝撃を和らげるために脳脊髄液という液体で覆われているのである。細菌はこの脳脊髄液にも感染を起こすことがある。脳脊髄液の中で増えた細菌は脳の表面に炎症を引き起こす。脳の表面は髄膜という構造で覆われており、ここに炎症が起きた状態が髄膜炎である。髄膜

脳組織と髄膜

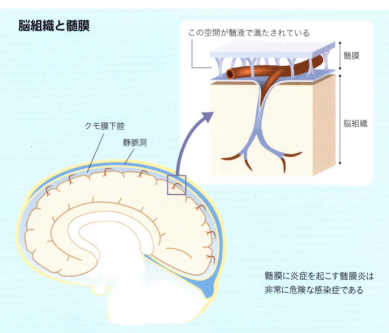

髄膜に炎症を起こす髄膜炎は非常に危険な感染症である

炎になると発熱や嘔吐がみられ、さらには意識が低下し最悪の場合は死に至る。

髄液は、背中から針を刺していくことにより採取できる。採取した髄液の性状を調べたり、培養検査をしたりすることによって原因微生物をつきとめるのである。原因となる微生物には、肺炎球菌やインフルエンザ菌などの細菌、クリプトコッカスなどの真菌、エンテロウイルスなどの各種ウイルスと多岐にわたる。

髄膜炎は脳の表面で炎症が起きた状態だが、脳の内部にも感染症は引き起こされる。脳膿瘍は、脳の内部で細菌が増殖し、膿の塊をつくった状態である。頭の造影CT検査をおこなうと、膿瘍の周囲を白くリング状に観察することができる。治療は抗菌薬の投与をおこなうが、膿瘍が大きい場合には脳外科手術が必要である。頭の骨の一部をはずして、脳の中に溜まった膿を吸い出すのである。

脳膿瘍の患者の脳

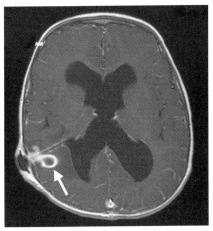

脳膿瘍の患者で頭部造影CT検査をおこなうと、膿瘍の周囲が白いリング状になっていることが観察される(矢印)

髄膜炎菌
Neisseria meningitidis

感染経路	飛沫感染、内因感染
ワクチン	髄膜炎菌ワクチン
大きさ	直径0.6〜0.8μm前後

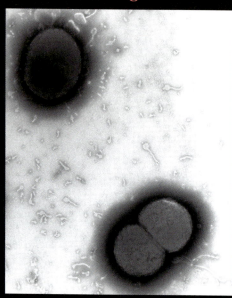
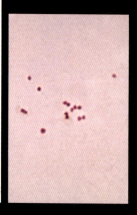

髄膜炎菌はヒトの鼻咽腔に常在する細菌であるが、地域や年代によってその保菌率は異なり、現在の日本において保菌率は数％といわれている。ヒト以外から検出されることはなく、主に飛沫感染で人から人へ感染する。アフリカ中央部では髄膜炎感染症が流行するため「髄膜炎ベルト地帯」と呼ばれている。この地域に渡航する際は、髄膜炎感染症の予防のためにワクチンを接種することが推奨される。髄膜炎菌は鼻咽腔の粘膜から血液中に侵入し、やがて脳脊髄液から髄膜に達すると髄膜炎を引き起こす。髄膜炎菌による髄膜炎は非常に重篤で、治療を行わない場合の致死率は100％に近い。近年は、早期からの集中治療により致死率は10％ほどまで抑えられるようになった。

写真／左：電子顕微鏡写真(Science Photo Library ／ amanaimages)、右：グラム染色写真(Science Photo Library ／ amanaimages)

エンテロウイルス
Enteric virus

ピコルナウイルス科の1本鎖RNAウイルスである。ポリオウイルス以外のエンテロウイルス属のウイルスは、コクサッキーウイルス、エコーウイルスに分けられていたが、1968年以後に新しく発見されたエンテロウイルスは通し番号で呼ぶことになった。ウイルスの伝播は、経口感染で、飛沫感染も報告されている。主な疾患は無菌性髄膜炎、コクサッキーウイルスA16型およびエンテロウイルス71型は発疹性疾患である手足口病の病因ウイルスとされている。エンテロウイルス70、コクサッキーウイルスA24による急性出血性結膜炎（AHC）は世界中にみられ、その他ヘルパンギーナ、急性心筋炎、急性心膜炎との関連が注目されている。また上気道炎、下痢症、肝炎、膵炎、糖尿病との関連性もあるといわれている。ウイルスの型が多すぎるためワクチンなどの予防法は確立されていない。

Chapter 2 感染症からみたウイルス・細菌

神経毒素を産生する細菌
侵される神経

神経毒というと、フグ毒のテトロドトキシンや毒ガスのサリンなどを思い起こす人が多いのではないだろうか。しかし、これらよりも何千、何万倍も強力な神経毒素を産生する細菌がある。

我々の体は、神経系によって支配されている。体を動かそうとするとき、脳の運動中枢から電気シグナルが発生し、脊髄、末梢神経を伝わって筋肉に到達し、筋肉が収縮することによって体を動かせるのである。神経毒素は、この過程のいずれかの部分に作用して毒性を発揮する。

ボツリヌス菌が産生するボツリヌス毒素は、最も毒性の高い神経毒素のひとつである。この毒素は、神経と筋肉がつながる部位である神経筋接合部という

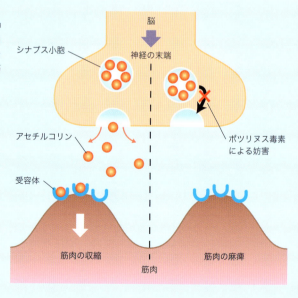

神経筋接合部

神経筋接合部では、神経の末端からアセチルコリンが放出され、それを筋肉が受容することで筋肉が収縮する

場所に作用する。神経筋接合部では、神経のシナプス末端から神経伝達物質であるアセチルコリンが放出され、このアセチルコリンが筋肉にある受容体に結合することで筋肉の収縮がはじまるのである。ボツリヌス毒素は、神経筋接合部においてアセチルコリンの放出を阻害する。するとどうなるか。神経からの電気シグナルが一切、筋肉に伝わらなくなってしまう。脳がいくら体を動かせと命令しても、筋肉は収縮しないのである。全身の筋力低下が起こり、呼吸麻痺によって死に至ることもある。

破傷風による筋肉の硬直で苦しむ人の絵
(1809年チャールズ・ベル作)

一方、破傷風毒素は痙性麻痺（けいせい）というタイプの運動麻痺を引き起こす。この毒素は中枢神経系において抑制ニューロンの働きを妨害する。その結果、過剰な電気シグナルが発生し、全身の筋肉が収縮して硬直状態となる。

各種毒素のLD_{50}*

(マウスでのLD_{50})

毒素	LD_{50} (mg/kg)	由来
ボツリヌス毒素	0.00000032	ボツリヌス菌
破傷風毒素	0.000002	破傷風菌
テトロドトキシン	0.01	フグ毒
サリン	0.2	毒ガス
アコニチン	0.3	トリカブト
ヘビ毒 (キングコブラ)	1.7	ヘビ毒
青酸カリ	10	フグ毒

(福岡大学理学部化学科/理学研究科化学専攻HPより)

 LD_{50}：半数致死量。投与した動物の半数が死亡する用量

Chapter 2 感染症からみたウイルス・細菌

破傷風菌
Clostridium tetani

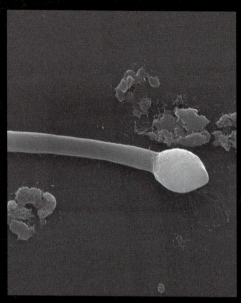

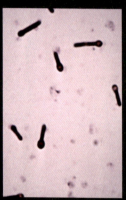

感染経路 創傷感染
ワクチン 破傷風トキソイドワクチン
大きさ 0.5～1.7 × 2.1～18.1μm

破傷風菌はグラム陽性の大型桿菌で、芽胞の形で世界中の土壌に分布、生息している。創傷から感染し、体内に侵入後、発芽、増殖し、菌が産生する毒素が破傷風を引き起こす。毒素は神経毒であり、最強の毒素のひとつで、神経接合部から神経に取り込まれ、痙性麻痺を引き起こす。偏性嫌気性で菌の先端に芽胞を有し、乾燥、熱に極めて強い抵抗性を有する。潜伏期間は3～5日で、局所(痙笑、開口障害、嚥下障害など)から全身(呼吸麻痺、後弓反張など)に移行し、重症の場合、呼吸筋の麻痺により死亡する。致死率は近年でも約30%である。衛生状態の悪い出産の際に、臍帯の切断面が芽胞で汚染され、新生児破傷風を引き起こす。トキソイドワクチンが予防に極めて有効である。

写真／左:電子顕微鏡写真(国立感染症研究所)、右:グラム染色写真(Visuals Unlimited, Inc. /

ボツリヌス菌
Clostridium botulinum

感染経路	経口感染
ワクチン	ボツリヌストキソイドワクチン
大きさ	0.5〜2.0 × 2〜10μm

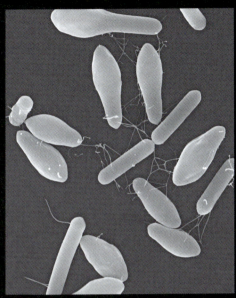

グラム陽性の偏性嫌気性菌の桿菌である。芽胞を形成するのが特徴で、土壌中などの自然環境に広く分布している。極めて強力な神経毒素を産生し、この毒素を摂取すると全身の麻痺が引き起こされる。嫌気的な環境で発育するので、缶詰め、瓶詰め、真空パックなどにされた食品で毒素性食中毒を引き起こす。これまで発酵食品である「いずし」や、瓶詰めのキャビア、真空パックの辛子レンコンなどでの感染事例があった。また乳児では腸管内の常在細菌叢が未発達のため、ボツリヌス菌の芽胞を経口摂取すると腸管内で増殖し乳児ボツリヌス症を引き起こす。ハチミツにはボツリヌス菌の芽胞が含まれていることがあるため、乳児にはハチミツを食べさせない方がよい。

写真／左：電子顕微鏡写真(Science Source / amanaimages)、右：芽胞染色写真(Visuals Unlimited, Inc. / amanaimages)

細菌性食中毒
日常の中で気を付けたい食中毒

　食中毒は最も身近な感染症のひとつといっていいだろう。食中毒のすべてが感染症というわけではない。キノコやフグによる食中毒は自然毒によるものである。サバやブリを食べて蕁麻疹が出るヒスタミン食中毒は化学物質による食中毒である。病原微生物が原因となる食中毒には細菌性のものとウイルス性のものがある。

　一昔前にはサルモネラと菌、腸炎ビブリオ、黄色ブドウ球菌が三大食中毒原因菌であった。サルモネラ菌は鶏卵が、腸炎ビブリオは魚介類が主な感染源である。農林水産省や厚生労働省による衛生指針・基準などの制定により、サルモネラ菌や腸炎ビブリオによる食中毒患者数は以前に比較して大幅に減少した。黄色ブドウ球菌は握り飯やお弁当などが原因となるが、握り飯製造の自動化やお弁当生産における衛生管理の向上により患者数は激減した。

　一方、患者数が減らずにいるのがカンピロバクター感染症で

原因別食中毒事件数の推移

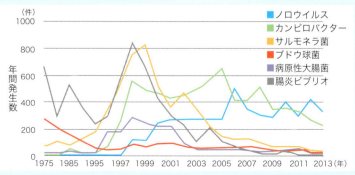

（厚生労働省　食中毒統計資料より）

ある。原因菌であるカンピロバクター・ジェジュニはニワトリなどの腸管に生息している動物の常在細菌である。従って、食肉を加工する過程でどんなに気を付けていてもカンピロバクターに汚染される可能性がある。そしてわずか数百という少ない細菌数で感染するのも特徴である（多くの食中毒菌は10万〜100万個で感染）。鶏肉を食するときには十分加熱し、また包丁やまな板はよく消毒する必要がある。

多くの細菌性食中毒は嘔吐と下痢が主症状で、十分に水分補給をしていれば数日で回復する。しかし、腸管出血性大腸菌O-157感染症は生命に関わる危険な感染症である。食中毒症状以外に溶血性尿毒症症候群（HUS）という重篤な合併症を起こし得る。この状態になると、腎不全や脳症をきたし最悪の場合は死に至ってしまうのである。

主な食中毒の原因となる食品と細菌

握り飯（ブドウ球菌）

牛肉（腸管出血性大腸菌）

魚介類（腸炎ビブリオ）

卵（サルモネラ菌）

鶏肉（カンピロバクター）

食中毒は様々な食品が原因となって引き起こされるので、衛生管理や品質管理には細心の注意が必要である

Chapter 2 感染症からみたウイルス・細菌

カンピロバクター
Campylobacter jejuni

感染経路	経口感染
ワクチン	無
大きさ	0.5～5×0.2～0.8μm

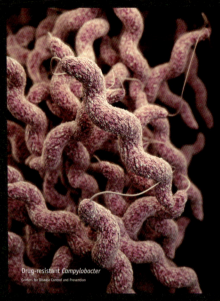

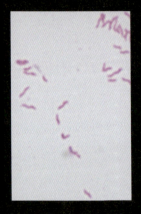

　この細菌は S 字状に湾曲する形が特徴で、らせん菌に分類される。ニワトリやウシ、ブタなどの腸管内に広く生息している。およそ5%の低い酸素濃度での発育が良いため、微好気性菌に分類される。また、やや高温（42℃）での発育が可能である。カンピロバクターによる胃腸炎は、細菌を原因とする食中毒で最も多い。原因となる食材は、食肉（特に鶏肉）やレバー（鶏、豚）であり、これらの食材は十分に加熱調理する必要がある。また、使用した包丁やまな板にカンピロバクターが付着し、これが他の食材を汚染する原因にもなる。カンピロバクター胃腸炎では、まれにギランバレー症候群という神経疾患を合併することがあるので、カンピロバクター感染症には気を付けたい。

写真／左:3Dイメージ画像（U.S. Centers for Disease Control and Prevention - Medical Illustrator）、右:グラム染色写真（北里大学医療衛生学部微生物学研究室）

サルモネラ菌
Salmonella spp.

感染経路	経口感染
ワクチン	無
大きさ	0.5〜0.8×1.0〜3.5μm

Drug-resistant non-typhoidal *Salmonella*
Centers for Disease Control and Prevention

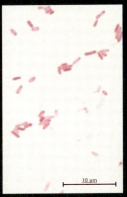

10 μm

グラム陰性の桿菌で、下水・河川などの環境や、家畜・家禽類の腸管などに生息している。食品がこれらの菌に汚染されると、それを食べた人は食中毒を起こす。汚染されやすい食品として肉類や卵などがある。食品衛生環境の改善で日本国内では以前に比べるとサルモネラ食中毒はかなり少なくなったが、海外では今もなお食中毒の原因として多く報告されており、海外渡航の際には生の食品に注意する必要がある。食品以外でも爬虫類が保菌しており、カメなどから感染することもある。

写真／左:3Dイメージ画像(U.S. Centers for Disease Control and Prevention - Medical Illustrator)、
右:グラム染色写真(北里大学医療衛生学部微生物学研究室)

Chapter 2 感染症からみたウイルス・細菌

腸炎ビブリオ
Vibrio parahaemolyticus

感染経路	経口感染
ワクチン	無
大きさ	1.4〜2.0 × 0.5〜0.8μm

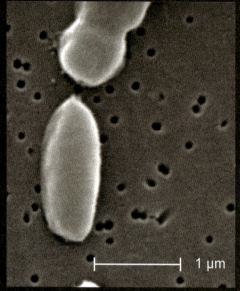

グラム陰性の桿菌で、主に海水に生息している。発育に塩分を必要とするのが特徴で、3〜5%の塩分を含んだ培地によく発育する。魚介類に付着するため、海産物の生食により食中毒を引き起こす。ビブリオ食中毒は特に夏場の発生が多い。以前はサルモネラ菌と並んで、食中毒原因菌のトップを占めていたが、こちらも食品衛生対策が進んだことにより患者数は激減した。

写真／左:電子顕微鏡写真(Janice Carr)、右:グラム染色写真(北里大学医療衛生学部微生物学研究室)

ヘリコバクターピロリ
Helicobacter pylori

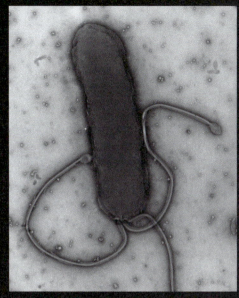
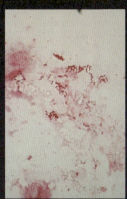

感染経路	経口感染
ワクチン	無
大きさ	2.5〜4.0×0.5〜1.0μm

カンピロバクターと同じく、微好気性のらせん菌に分類される。ヒトの胃の中の厳しい酸性環境の中でも生息することができる。この菌はウレアーゼという酵素を産生し、尿素をアンモニアと二酸化炭素に分解する。このアンモニアが胃酸を中和することで、胃の中でも生息可能と考えられている。ピロリ菌は慢性胃炎や消化性潰瘍の原因となることが知られている。微生物学者のマーシャルはピロリ菌を自ら飲み込み、胃潰瘍の原因になることを証明した。この業績で病理学者のウォーレンと共にノーベル医学・生理学賞を受賞している。現在は、胃がんや特発性血小板減少性紫斑病の原因になることも判明しており、そのような患者ではピロリ菌の除菌療法がおこなわれている。

写真／左:電子顕微鏡写真(Science Photo Library / amanaimages)、右:グラム染色写真(Science Photo Library / amanaimages)

ウイルス性食中毒
急性胃腸炎の原因

　食中毒には細菌性食中毒とウイルス性食中毒がある。細菌性食中毒の場合、食材中で細菌が増殖し、その結果内毒素や産生された外毒素による汚染食材を接種することにより嘔吐や下痢など急性胃腸炎を発症する。従って汚染された食材が古ければ古いほど細菌が増殖し発症のリスクは高まるのに対し、ウイルス性食中毒の場合は、食材ではウイルスの増殖は全く起きないため、食材が新鮮であればあるほど発症するリスクが高い。

　食中毒のうちウイルス性食中毒が発生件数第1位であり、2014年の食中毒の患者数の54%がノロウイルスによる食中毒である。ノロウイルスの場合、冬場のカキの生食によるものが2001年は44%だったが、2004年は11%に減り、カキなしの食事が45%を占めるようになり、年間を通して発生するようになった。また発生件数自体はほとんど変わっておらず、感染者が調理中に食品を素手で触って、汚染する例が増えた。無症候性ウイルス感染者が存在していることがわかっており、ノロウイルス摂取後、無症候のまま1週間以上ウイルスを排

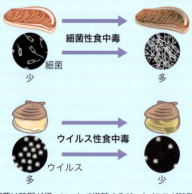

細菌とウイルスの時間による数の変化

細菌は時間が経つにつれて増殖するが、ウイルスが時間が経つと死滅していく

泄しているものと思われる。無症候性ウイルス感染者でのウイルス排泄量は、急性感染期の患者の排泄量に匹敵するといわれる。英国では、無症候性感染者は人口の10%以上と推測されている。また嘔吐物や下痢便の処理が不完全であったため、塵芥として空気中に舞い上がり、それを吸い込んで感染する空気感染（塵芥感染）も知られている。

ノロウイルスの他ウイルス性食中毒を引き起こすウイルスとしては、サポウイルス、ヒトロタウイルス1〜4型、アストロウイルス、アデノウイルス、コロナウイルス、エコーウイルスによる急性胃腸炎が知られている。

ウイルスが食中毒を起こすまで

ウイルスが体内へ入る経路は、ウイルスを持った二枚貝などの飲食、感染者の糞便や嘔吐物、感染者が調理した料理の飲食などが代表的である

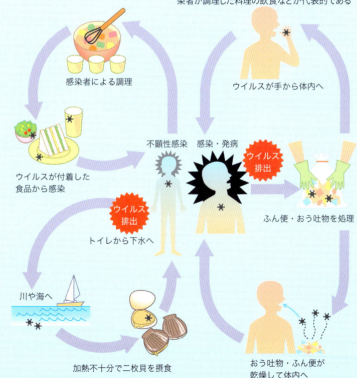

ノロウイルス
Norovirus

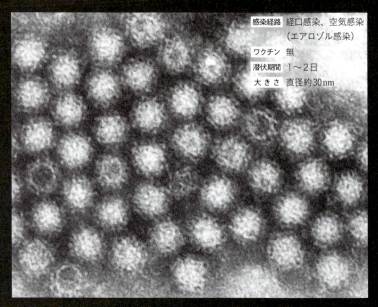

感染経路	経口感染、空気感染（エアロゾル感染）
ワクチン	無
潜伏期間	1〜2日
大きさ	直径約30nm

カリシウイルス科の1本鎖RNAウイルスである。経口感染で急性胃腸炎を起こす。ノロウイルスはゲノム塩基配列よりIからVの5種類のgenogroupに分類され、ヒトに感染するのはGI、GII、GIVの3種類で、GIが9型、GIIが22型あるいはそれ以上の遺伝子型があり、GII-4が主流であったが、2015年1月よりGII-17が主流になりつつある。加熱（60℃30分）や塩素（10ppm）、アルコールに耐性があるが、85℃1分で失活する。ノロウイルスの標的細胞は小腸上皮細胞だと考えられていたが、持続感染にはB細胞が関与する可能性が示唆されている。糞便1gに10^8個、嘔吐物1gに10^6個のウイルスが存在して感染源となる。流行地では下水処理水に多量のウイルスが検出され、カキや二枚貝に集積される。

写真／電子顕微鏡写真（Science Source / amanaimages）

アデノウイルス
Adenovirus

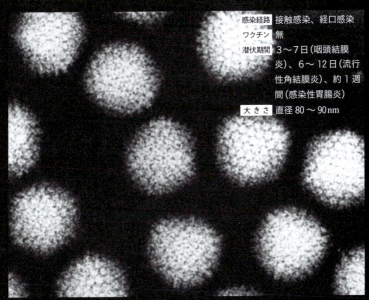

感染経路	接触感染、経口感染
ワクチン	無
潜伏期間	3〜7日（咽頭結膜炎）、6〜12日（流行性角結膜炎）、約1週間（感染性胃腸炎）
大きさ	直径80〜90nm

アデノウイルス科の2本鎖DNAのウイルスで、A〜Fの亜群に分類、血清型は57型に分類される。ヒトに胃腸炎を起こすウイルスは1、2、3、4、7型、乳児下痢症では40、41型による。嘔吐、水様性の白色便の下痢で予後は良好であるが、小児の場合は脱水症状を起こすことがある。急性熱性咽頭炎、急性呼吸器疾患など急性上、下気道感染症からは1〜7型、咽頭結膜熱（プール熱）からは3、4、7、11、14型、流行性角結膜炎からは3、7、8、19、37型、乳幼児下痢症から40、41型、急性出血性膀胱炎からは11、21型が分離され、それぞれの疾患と深い関連があるといわれている。

写真／電子顕微鏡写真（Science Source / amanaimages）

Chapter 2 感染症からみたウイルス・細菌

ヒトロタウイルス
Human rotavirus

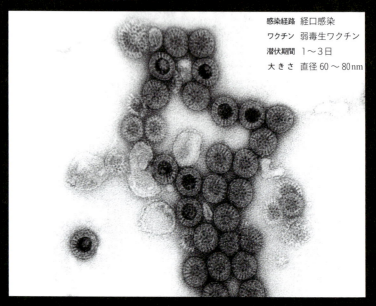

感染経路　経口感染
ワクチン　弱毒生ワクチン
潜伏期間　1〜3日
大きさ　直径60〜80nm

レオウイルス科の2本鎖RNAのウイルスで冬期に小児下痢症を起こす。症状はアデノウイルスと同様である。

写真／電子顕微鏡写真(Science Photo Library／amanaimages)

アストロウイルス
Astrovirus

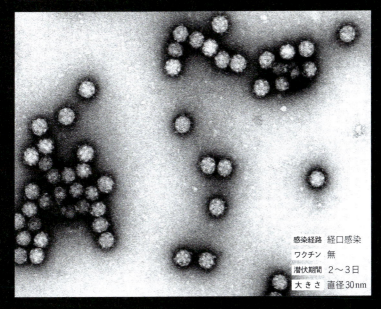

感染経路　経口感染
ワクチン　無
潜伏期間　2〜3日
大きさ　　直径30nm

アストロウイルス科の1本鎖RNAウイルスである。直径は30nm、電子顕微鏡で見ると星状に見えることから、ギリシャ語の「星」より命名された。世界各地に一般的に分布し、主に乳幼児の下痢の原因として知られている。体力の弱った大人や老人を中心に集団感染の恐れもあり、少量のウイルス数でも感染するので注意する必要がある。主に糞便を中心に経口感染、貝類を介しての感染者も多い。感染力も強く、吐き気、嘔吐、水様性下痢などの症状をともなう。特に排泄物の扱いには要注意。潜伏期間は2〜3日。発症後6日くらいで完全に回復する。主に冬場に流行し、直後にヒトロタウイルスが流行することがあるため注意。

写真／電子顕微鏡写真((c)Dr. Hans Gelderblom/Visuals Unlimited, Inc./amanaimages)

サポウイルス
Sapovirus

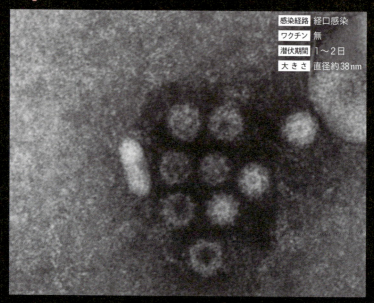

感染経路	経口感染
ワクチン	無
潜伏期間	1〜2日
大きさ	直径約38nm

カリシウイルス科の1本鎖RNAウイルスである。主に小児の下痢症の原因になるウイルスで、最初に発見された札幌の地名に由来。直径38nmで、エンベロープを持たない。電子顕微鏡で見るとカリシウイルス科に特有の杯状にくぼみのあるダビデの星型の形状をしている。ヒト以外の動物には感染しない。ノロウイルス、ヒトロタウイルス、アストロウイルス、腸管アデノウイルスとともに感染性胃腸炎を起こすウイルスである。患者はノロウイルスに比べ小児に多く胃腸炎の原因となり、重症の下痢症に発展することもある（約2%）。糞便経口感染が多いため、糞便の処理と手洗いが重要である。

写真／電子顕微鏡写真（広島市衛生研究所）

ポリオウイルス
Poliovirus

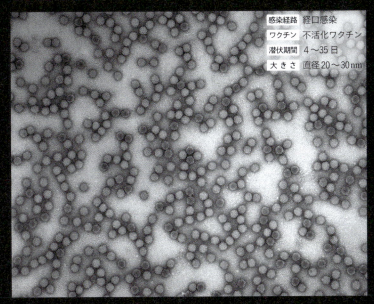

感染経路	経口感染
ワクチン	不活化ワクチン
潜伏期間	4～35日
大きさ	直径20～30nm

ピコルナウイルス科の1本鎖RNAウイルスである。小児麻痺（急性灰白髄膜炎、ポリオ）の原因ウイルスである。大部分は発症しないで不顕性感染で無症状に終わる。多くは不全型で、発熱頭痛、咽頭痛など夏風邪の症状を示し2～3日で快復する。重症例では、髄腋に無菌性髄膜炎の所見があらわれ、この髄膜炎が非麻痺型ポリオと呼ばれる。この場合も数日経過後急速に快復する。非麻痺型ポリオの一部に麻痺が出現する。これが麻痺型ポリオである。脊髄神経支配領域が冒された場合、通常四肢の弛緩性麻痺がみられる。麻痺筋の萎縮により後遺症を残す。日本ではポリオワクチンが施行されているので野生ポリオウイルスによる麻痺はまずないと思われる。

写真／電子顕微鏡写真(Science Source / amanaimages)

旅行者下痢症

海外旅行では飲み水や生ものに要注意

　「海外に行ったら飲み水には注意しなさい」とか、「海外の屋台で飲食したら食中毒になった」とかよく耳にするのではないだろうか。日本は衛生環境が非常に優れているので普段は飲み水は気にもしないが、これと同じ感覚で海外に出るのは危険である。海外に滞在中あるいは帰国して起こる下痢症は、旅行者下痢症と呼ばれている。旅行者下痢症の原因としては細

旅行者下痢症の発生状況

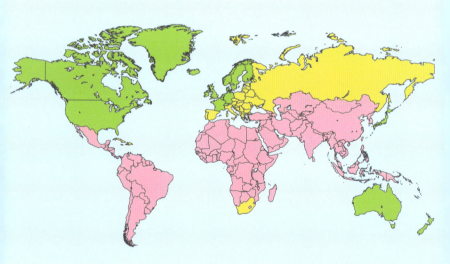

■ 低リスク - 下痢率 7%以下　　■ 中リスク - 下痢率 8〜20%　　■ 高リスク - 下痢率 20%以上

（TravellersDiarrhoea.co.ukより）

菌、ウイルス、寄生虫と様々であるが、中でも細菌によるものが多い。腸管毒素原性大腸菌、サルモネラ菌、カンピロバクターによる感染症は旅行者下痢症の中でも最も頻度が高い。幸い重症化することは少なく自然に軽快することが多い。一方、赤痢菌、コレラ菌、チフス菌による感染症は頻度は低いものの死に至るケースもある危険な病原細菌である。

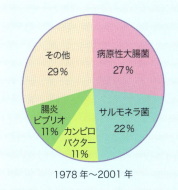

日本人の旅行者下痢症の原因菌

- その他 29%
- 病原性大腸菌 27%
- サルモネラ菌 22%
- カンピロバクター 11%
- 腸炎ビブリオ 11%

1978年～2001年

(東京都立衛生研究所の資料より)

　旅行者下痢症の発生頻度は、世界の地域のよって異なる。特に、アジア、アフリカ、中南米は発生率が高い。飲み水だけでなく、氷も感染源となるので注意が必要である。また、生野菜やカットフルーツ、生卵は感染リスクが高いので口にしないこと。渡航の際には十分に注意してほしい。

旅行者下痢症予防のための注意点

	危　険	安　全
食品	生の魚介類、非加熱の肉、サラダ、生の乳製品、アイスクリーム、皮のむかれた果物	熱の通った食事、調理された野菜、皮のむかれていない果物
飲み物	水道水、氷、未殺菌の牛乳	ミネラルウォーター(炭酸入りの方が安全)、煮沸水、瓶入や缶入の飲料
食事をする場所	屋台、現地の人ばかりの食堂	ホテルのレストラン 外国人旅行者の多い食堂

(東京医科大学病院渡航者医療センターHPより)

コレラ菌
Vibrio cholerae

感染経路	経口感染
ワクチン	不活化コレラワクチン
大きさ	1.5〜2.0 × 0.5μm

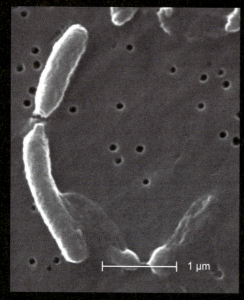

コレラ菌はグラム陰性桿菌で、鞭毛を持って活発に運動する。菌体が湾曲しているためコンマ状の菌として観察される。この菌が産生するコレラ毒素は、ヒトの小腸の上皮細胞に作用して、腸管内への水分と電解質の分泌を促進する。そのため、コレラに感染した患者は、非常に激しい水様性の下痢（外観は米のとぎ汁様）を引き起こす。死因の多くは脱水によるもので、治療においては水分と電解質の補給が最も重要である。コレラの流行地へ渡航する際は、飲み水や食事には十分注意する必要がある。理由は不明だが、O型の血液型を持つヒトはコレラに感染しやすいといわれている。

写真／左：電子顕微鏡写真（Janice Carr）、右：鞭毛染色写真

チフス菌
Salmonella Typhi

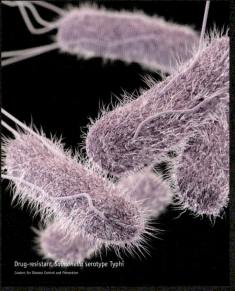

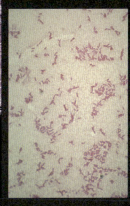

感染経路	経口感染
ワクチン	不活化ワクチン、弱毒生ワクチン
大きさ	0.5×2.0μm前後

Drug-resistant *Salmonella* serotype Typhi
Centers for Disease Control and Prevention

チフス菌はグラム陰性の通性嫌気性の桿菌である。サルモネラ属に含まれるが一般的なサルモネラ菌と異なり、腸チフスという全身性の感染症を引き起こす。また、感染宿主もヒトのみに限られる。マクロファージに貪食されても、その殺菌作用から逃れるシステムを持っており、マクロファージ内で生存し免疫機構による排除を回避する。口から入ったチフス菌は小腸に達すると小腸粘膜から侵入する。さらに腸間膜リンパ節で増殖すると血液中に入り、全身へと広がる。発熱や全身の発疹がみられ、様々な臓器に障害を引き起こす。適切な治療をしなかった場合の致死率はおよそ 10% といわれている。回復後も胆嚢内に菌が残り続けることがあり、健康保菌者として感染源になるおそれがある。

写真／左:3Dイメージ画像(U.S. Centers for Disease Control and Prevention - Medical Illustrator)、右:グラム染色写真(Science Source／amanaimages)

Chapter 2 感染症からみたウイルス・細菌

赤痢菌
Shigella spp.

感染経路 経口感染
ワクチン 無
大きさ 0.5×1.0〜3.0μm

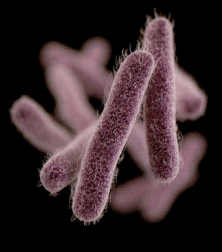

Drug-resistant *Shigella*
Centers for Disease Control and Prevention

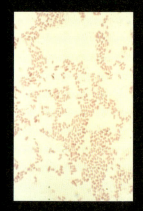

赤痢菌はグラム陰性の通性嫌気性の桿菌で、細菌性赤痢の原因菌である。1897年に日本の細菌学者の志賀潔によって発見され、その名にちなんで*Shigella*と命名された。志賀潔は1944年に文化勲章を授与されている。赤痢菌は大腸菌とは近縁で、遺伝子学的な分類では大腸菌の一種となる。ただ実際は病原性の面や歴史的背景から大腸菌は別の菌種として扱われている。赤痢菌はヒトに経口感染し大腸に達すると、大腸の上皮細胞の中に侵入し増殖する。さらに志賀毒素と呼ばれる毒素を産生し、これが粘膜上皮細胞を傷害する。これにより血便を伴う下痢、つまりは赤痢が引き起こされる。かつては10%程度の死亡率があったが、現在では抗菌薬治療により0.5%以下に抑えられている。

写真／左:3Dイメージ画像(U.S. Centers for Disease Control and Prevention - Medical Illustrator)、右:グラム染色写真(Science Source / amanaimages)

column

破傷風菌の発見と血清療法の開発

　19世紀の欧州では、創傷から感染する破傷風は致死率が非常に高い感染症として恐れられていた。破傷風菌の原因微生物である破傷風菌（*Clostridium tetani*）は酸素に触れると死滅してしまう偏性嫌気性菌で、それまで純粋培養に成功した者はいなかった。ドイツに留学していた北里柴三郎は、画期的な亀の子シャーレに水素を流した装置（嫌気培養の装置）を使用して1889年に破傷風菌の純粋培養に成功する。

　さらに北里柴三郎は、破傷風の原因が細菌そのものではなく、細菌が産生する毒素によって引き起こされることを見出した。この毒素を希釈して動物に接種することで、破傷風の抗毒素血清を得て、世界で最初の血清療法に成功した。この業績は第1回ノーベル医学・生理学賞の候補となった。

「日本の細菌学の父」として知られる北里柴三郎は、ドイツのローベルト・コッホに師事して多くの貴重な研究業績を挙げ、同時に日本の公衆衛生の礎をつくった。わが国最初の私立伝染病研究所や私立北里研究所、慶應義塾大学医学部、日本医学会などを創設した。

膀胱炎、腎盂腎炎
女性に多い感染症

　膀胱炎は細菌による感染症であり、そのほとんどは大腸菌が原因である。外陰部には大腸菌が付着しやすく、これがたまたま外尿道口から侵入すると、尿道を通って膀胱に達する。すると膀胱内で増殖し、膀胱炎を引き起こすのである。膀胱内では炎症が起き、腹痛や頻尿を生じる。また、白血球が膀胱に集まるため、尿は混濁した色となる。

　トイレを我慢すると膀胱炎になるといわれる。これは医学的にも正しい。大腸菌は外尿道口から侵入しても膀胱にはすぐには到達しない。定期的な排尿があれば、尿とともに侵入してきた大腸菌は洗い流されるので、膀胱炎にはならない。しかし、長時間トイレを我慢していると、侵入してきた大腸菌がやがて膀胱に到達して膀胱炎になってしまう。特に女性は尿道が短いので、男性よりも膀胱炎にかかり

膀胱炎でみられる混濁尿

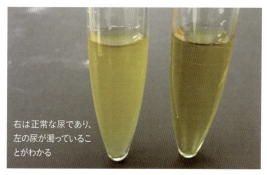

右は正常な尿であり、左の尿が濁っていることがわかる

写真／北里大学医療衛生学部微生物学研究室

やすいのである。

　腎臓でつくられた尿は、尿管を通って膀胱に溜められる。この尿管を大腸菌が逆流していき、腎臓に到達すると腎盂腎炎となってしまう。腎臓は毛細血管が多く血流が豊富なので、炎症が全身に広がり高熱をきたす。また、大腸菌が腎臓の毛細血管から侵入して全身に菌がまわり、敗血症を起こすこともある。

　膀胱炎や腎盂腎炎になったら抗菌薬を服用することはもちろんであるが、水分を多くとることも重要である。水分をとり排尿することで、膀胱内に増えた大腸菌をできるだけ外に洗い流すのである。

膀胱と腎臓

膀胱と腎臓は尿管でつながっており、大腸菌が膀胱から腎臓へ達した場合、炎症は全身に広がる

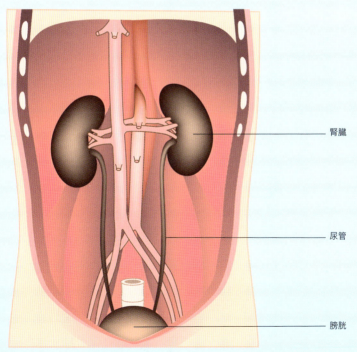

腎臓

尿管

膀胱

大腸菌
Escherichia coli

感染経路 接触感染、経口感染、内因感染
ワクチン 無
大きさ 0.4〜0.7×1.0〜4.0μm

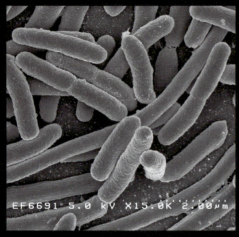
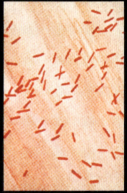

　大腸菌はグラム陰性の桿菌で、ヒトの腸管の常在菌である。一部の大腸菌は病原因子を保有しており、病原性大腸菌と呼ばれる。病原性大腸菌は食中毒を引き起こしたり、膀胱炎や腎盂腎炎の原因となる。食中毒を起こす大腸菌にはいくつかのタイプが存在するが、なかでも腸管出血性大腸菌O-157はベロ毒素を産生し特に病原性が高い。感染すると下痢、血便をきたし、場合によっては溶血性尿毒症症候群（HUS）を合併する。HUSでは急性腎不全と脳症をきたし、その死亡率はおよそ5％といわれている。

写真／左：電子顕微鏡写真（National Institutes of Health）、右：グラム染色写真

腸球菌
Enterococcus faecalis

感染経路	接触感染、内因感染
ワクチン	無
大きさ	直径 0.5〜1.0μm前後

Vancomycin-resistant *Enterococcus* (VRE)
Centers for Disease Control and Prevention

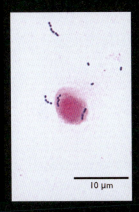

10 μm

グラム陽性の球菌で、ヒトの腸管内の常在菌である。病原性は低く、どちらかというと善玉菌に区分されるが、ときにヒトに感染症を引き起こす。主な感染症は尿路感染症や手術創の感染症である。抗菌薬に対しては耐性が高く、有効な薬剤の種類は少ない。以前は抗菌薬のバンコマイシンが有効であったが、近年バンコマイシンの効かないバンコマイシン耐性腸球菌（VRE）が増加しており、特に欧米では大きな問題となっている。

写真／左：3Dイメージ画像（U.S. Centers for Disease Control and Prevention - Medical Illustrator）、右：グラム染色写真（北里大学医療衛生学部微生物学研究室）

性感染症
性行為によりうつる感染症

　性感染症で現在最も恐れられているのはおそらくHIV/エイズであろう。HIVの出現は1980年頃である。それ以前に最も恐れられていた性感染症は梅毒であった。梅毒が歴史ではじめて登場するのは15世紀の終わり頃のヨーロッパである。コロンブスによる新大陸の発見から間もなくして、ヨーロッパで梅毒の流行が発生したのだった。梅毒はコロンブス一行が新大陸からヨーロッパに持ち帰ったというのが定説になっている。

　梅毒に感染すると、最初は外陰部に硬性下疳と呼ばれる発疹が出現する。それが治ると、やがて全身に様々な皮疹が出現

梅毒の進行過程

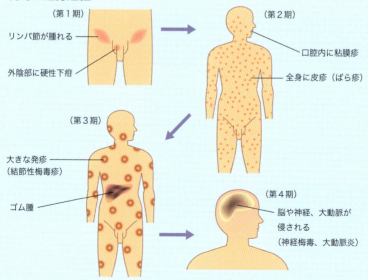

（第1期）
- リンパ節が腫れる
- 外陰部に硬性下疳

（第2期）
- 口腔内に粘膜疹
- 全身に皮疹（ばら疹）

（第3期）
- 大きな発疹（結節性梅毒疹）
- ゴム腫

（第4期）
- 脳や神経、大動脈が侵される（神経梅毒、大動脈炎）

するようになる。さらに数年の年月を経て、全身にゴム腫と呼ばれるしこりができ、最終的に神経や大動脈が侵され死に至るのである。近年は特効薬であるペニシリンにより早い段階で治療されるため、死に至ることはほとんど無くなった。

近年、わが国で蔓延している性感染症は性器クラミジア感染症と淋菌感染症である。これらはいずれも不妊症の原因となり問題となっている。厚生労働省による感染症発生動向調査では、性感染症の発生数の統計がとられている。興味深いことに、クラミジア感染症は男女で同程度の報告数で推移しているのに対し、淋菌感染症に関しては女性が極端に少ない。これは、女性においては症状の程度が弱く、病院を受診していないためと考えられる。実際には女性にも多くの淋菌感染者がいて感染源になっていると推測される。

性感染症報告数の男女別推移

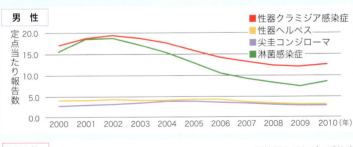

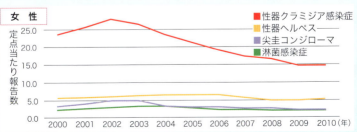

（厚生労働省　性感染症報告数より）

クラミジア
Chlamydia spp.

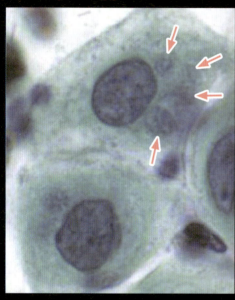
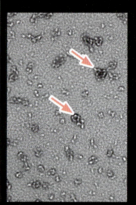

感染経路 性感染
ワクチン 無
大きさ 直径0.2〜1.5μm

生物学的には細菌と同じ原核生物であるが、生きた細胞内でしか増殖できないという点でウイルスに類似する。自らエネルギー（ATP）を産生することができないので、動物細胞内に寄生することでエネルギーを得て増殖する。トラコーマクラミジアはヒトの生殖泌尿器に持続感染する病原体で、性感染症において最も頻度の高い原因菌のひとつである。感染すると男性では尿道炎、女性では子宮頸管炎を引き起こす。また、卵管炎に進展すると不妊症や子宮外妊娠の原因になるので、感染が判明したら適切な治療を要する。オウム病クラミジアは鳥類が保菌しており、ヒトに人獣共通感染症であるオウム病（肺炎）を引き起こす。肺炎クラミドフィラは肺炎の原因菌で、人から人へ感染する。

写真／左：パパニコロー染色写真（株式会社 アイ・ラボ Cyto STD 研究所）、右：電子顕微鏡写真（Science Source / amanaimages）

淋菌
Neisseria gonorrhoeae

感染経路	性感染
ワクチン	無
大きさ	直径 0.6〜1.0μm

Drug-resistant *Neisseria gonorrhoeae*
Centers for Disease Control and Prevention

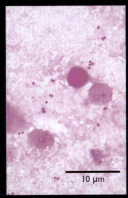

10 μm

グラム陰性のソラマメ形の球菌で、2個の細胞が向かい合って並ぶ双球菌である。ヒトのみを宿主としており、性感染症として人から人へ伝播する。温度変化や乾燥といった環境への抵抗力が弱いため、自然界に単独で生息することはできない。淋病として男性ではリン菌性尿道炎、女性では子宮頸管炎や膣炎を引き起こす。特に男性においては症状が強く、熱感を伴う排尿時痛と膿の排出がみられる。女性では症状が軽いため感染していることが見落とされやすいが、不妊症の原因になることもあるので適切な治療が必要である。

写真／左:3Dイメージ画像(U.S. Centers for Disease Control and Prevention - Medical Illustrator)、右:グラム染色写真(北里大学医療衛生学部微生物学研究室)

梅毒トレポネーマ
Treponema pallidum

感染経路	性感染
ワクチン	無
大きさ	0.1〜600μm

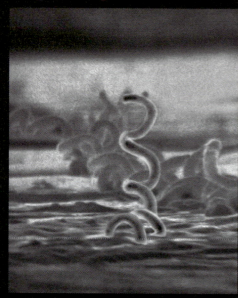

細長いらせん状の形をした細菌で、スピロヘータに分類される。軸糸と呼ばれる特殊な鞭毛を持ち、これをモーターとして活発に運動する。スピロヘータのグループにはいくつかの病原微生物が含まれているが、最も代表的なものは梅毒トレポネーマである。梅毒トレポネーマは性感染症である梅毒の原因菌で、コロンブスが西インドからヨーロッパに持ち帰ったといわれている。その後、ヨーロッパ各地で流行し多くの死者が出た。感染すると初期は硬性下疳と呼ばれる局所症状のみであるが、やがて全身へと広がり皮膚、骨、内臓、脳を侵すようになり死に至る。特効薬であるペニシリンが開発されると、このような重症の梅毒患者はあまりみられなくなった。

写真／左:電子顕微鏡写真、右:鍍銀染色写真

単純ヘルペスウイルス
Herpes simplex virus (Human herpes virus 1, 2)

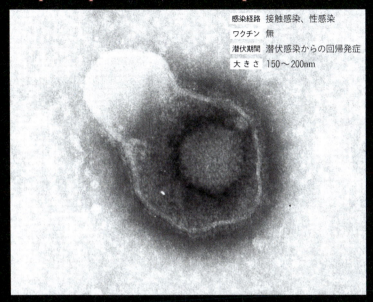

感染経路	接触感染、性感染
ワクチン	無
潜伏期間	潜伏感染からの回帰発症
大きさ	150〜200nm

ヘルペスウイルス科の2本鎖DNAウイルスである。単純ヘルペスウイルスは、水疱が這うように拡大することからギリシャ語の「這う（herpes）」に由来する。エンベロープを持ちアルコールに感受性で熱に弱い。ヒトに感染し種々の疾患を引き起こすことが知られている。これには初感染によるものと、初感染後、ウイルスは排泄されず、持続感染または潜伏感染し、終生体内にとどまり続け、再び活性化し増殖し疾患を引き起こすものがある。疱疹は水腫、水疱、細胞増殖等の病変を起こすが真皮には達せず瘢痕は残らない。

写真／電子顕微鏡写真（Science Source / amanaimages）

発がん性ウイルス

ウイルス発がんとは

　ヒトにがんを引き起こすウイルスは、現在までに6種類が知られている。

　これらのウイルスのがん化機構の基本的な共通点としては、
①細胞増殖の活性化
②プログラム死（アポトーシス）の回避
③宿主免疫機構からの回避
が挙げられる。つまり、がんウイルスは、自分が感染している細胞を永遠に増やし、感染宿主の免疫を逃れ、宿主の個体が滅びるまで、細胞を乗っ取り支配する。最終的にがん化に至るまでは、それ以外の要素、喫煙、ホルモン異常などが関与する場合もあるが、上記の3つが、がん化のイニシエーションとしては、最も重要である。

　細胞増殖の活性化とプログラム死の抑制に関しては、がん抑制遺伝子産物であるRbタンパク質*とp53タンパク質*の不活化が知られている。宿主免疫から逃れる例としては、HPVは、

ヒトにがんを起こすウイルス

がんウイルス	がん
ヒトパピローマウイルス（HPV）	子宮頸癌、中咽頭癌、皮膚癌など
Epstein-Barr ウイルス（EBV）	バーキットリンパ腫、上咽頭癌など
B型肝炎ウイルス（HBV）	肝細胞癌
C型肝炎ウイルス（HCV）	肝細胞癌
ヒトT細胞白血病ウイルス（HTLV-1）	成人T細胞白血病
ヒトヘルペスウイルス8型（HHV-8）	カポジ肉腫、一部のリンパ腫

 Rbタンパク質：細胞周期G1からS期の制御に関するがん抑制遺伝子産物
p53タンパク質：アポトーシスの制御に関するがん抑制遺伝子産物

がん化に必要な遺伝子だけを宿主の染色体に組み込み、ウイルス粒子を産生しないため、また、HTLV-1は、スプライシング*を制御し、ウイルス粒子産生まで数十年かかることが、その一因であると考えられている。HPVに関しては、発がんタンパクあるいはウイルス粒子に対するワクチンが開発された。

子宮頸癌の進行

HPVに感染しウイルスが排除されずに長期間感染が続いた場合、まれに子宮頸部上皮内腫瘍となり、さらにその一部が約10年かけて浸潤癌になると考えられている

 スプライシング：DNAからmRNAに転写された後に不要な部分を除去してmRNAの形に成形する働き

Chapter 2　**感染症からみたウイルス・細菌**

ヒトパピローマウイルス
Human papillomavirus

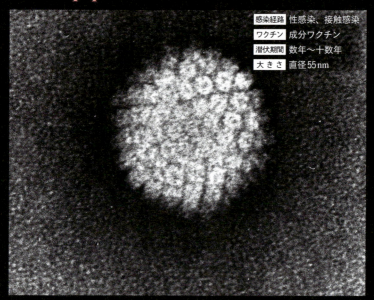

感染経路	性感染、接触感染
ワクチン	成分ワクチン
潜伏期間	数年～十数年
大きさ	直径55nm

パピローマウイルス科の2本鎖DNAウイルスで、ウイルスDNAは環状構造をとる。子宮頸がん、皮膚がんを引き起こすがんウイルスで2本鎖環状DNAを有する。100種類以上が同定されており、皮膚型、粘膜型に分けられ、それぞれHigh Risk型、Low Risk型に分類される。粘膜型、High Riskのタイプは子宮頸がんに、Low Risk型のタイプは尖型コンジローマなどに見出される。また、皮膚型のHigh Risk型は皮膚がんなど、Low Risk型は疣贅(イボ)などに見出される。粘膜型は性交感染のみで感染する。HPVは病態の悪化とともに、発がん遺伝子とプロモーター遺伝子だけを宿主遺伝子に組み込み、ウイルス粒子産生能を失うことにより、免疫機構から回避している。予防法には成分ワクチンが投与されるが副反応が問題となっている。

写真／電子顕微鏡写真

ヒトT細胞白血病ウイルス
Human T-cell leukmia virus

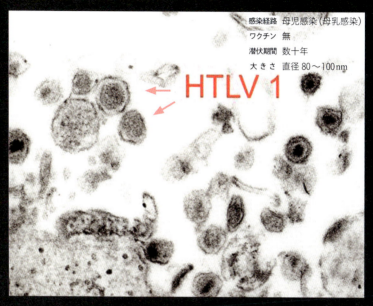

感染経路 母児感染（母乳感染）
ワクチン 無
潜伏期間 数十年
大きさ 直径 80〜100 nm

レトロウイルス科のウイルスで、1本鎖 RNA ゲノムを 2 組持つ。ヒト細胞白血病ウイルスはレトロウイルスに属し、成人T細胞白血病（Adult T cell leukemia：ATL）の病因ウイルスである。ATL は日本南西部（沖縄、九州、四国）に多発する。ウイルスは、ヒトリンパ球のT細胞に感染し、長期間の潜伏期（最大 50 年）のち ATL を引き起こす。神経系の疾患も報告されており、HTLV-I 抗体陽性の中で 0.25％が痙性脊髄麻痺症（HAM）を起こす。更に慢性肺疾患、関節炎やぶどう膜炎などとの関係も指摘されている。ウイルスの伝播は、授乳感染、性交感染が主である。ワクチンなどの予防法は確立されていない。

写真／電子顕微鏡写真

母児感染症
親から子へうつる病

母児感染は垂直感染ともいわれ、母体の病原体が胎児に感染する先天性感染である。母児感染には胎盤を経由して感染する経胎盤感染（子宮内感染）、分娩時産道で感染する産道感染、出生後に母乳や唾液で感染する産後感染の3つがある。

胎児が子宮内で感染すると、流産に至る場合、死産や先天性異常（奇形）を伴い出生する場合、出生後に症状が出る場合、または全く無症状のまま経過する場合に分かれる。ヒトに胎盤感染を起こすウイルスとしては風疹ウイルス、ヒト免疫不全ウイルス（HIV）、B群コクサッキーウイルス、サイトメガ

母児感染の感染経路

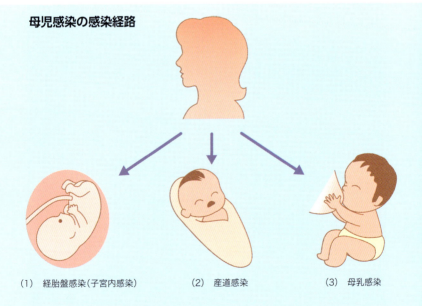

(1) 経胎盤感染（子宮内感染）　　(2) 産道感染　　(3) 母乳感染

ロウイルス、水痘帯状疱疹ウイルス、ヒトパルボウイルスB19、B型肝炎ウイルスなどがある。また原虫ではトキソプラズマ原虫、細菌ではリステリア、梅毒トレポネーマなどがある。

産道感染するウイルスとしては単純ヘルペスウイルス、ヒトサイトメガロウイルスなどがある。母乳感染するウイルスとしてはヒトT細胞白血病ウイルス、ヒト免疫不全ウイルス、ヒトサイトメガロウイルスなどがある。

検査は新生児の臍帯血清にIgM抗体を証明することが子宮内感染を診断する上で重要である。風疹ウイルス、水痘帯状疱疹ウイルスによる子宮内感染の予防には母体への生ワクチンの接種が有効である。

子宮内感染

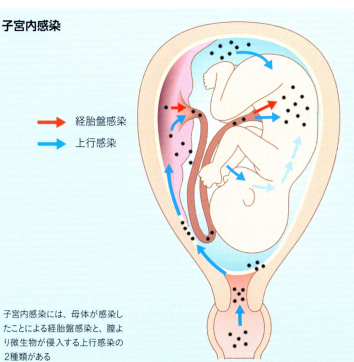

→ 経胎盤感染
→ 上行感染

子宮内感染には、母体が感染したことによる経胎盤感染と、膣より微生物が侵入する上行感染の2種類がある

ヒト免疫不全ウイルス
Human immunodeficiency virus

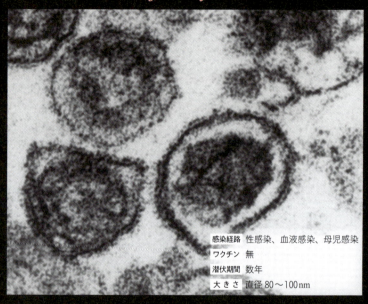

感染経路	性感染、血液感染、母児感染
ワクチン	無
潜伏期間	数年
大きさ	直径 80～100 nm

レトロウイルス科のウイルスで、1本鎖 RNA ゲノムを2組持つ。HIV は -1 と -2 が知られているが、一般的な HIV は HIV-1 である。後天性免疫不全症候群(AIDS)の起因ウイルスであり、日本では約 12000 人の患者がいると考えられている。生体内で年間 100～1000 塩基に1カ所が変異を起こすと考えられ、これは通常の変異の 10^7 倍のスピードであり、これがワクチン開発を困難としている。ヒト T 細胞白血病ウイルスと同様に、スプライシングを制御するタンパク質によりウイルス粒子の産生を遅らせ、免疫機構からの回避に繋がっていると考えられている。治療法としては HAART 療法が一般的であるが、副作用、高額な治療費が問題となっている。

ヒトサイトメガロウイルス

Human cytomegalovirus (Human herpes virus 5)

感染経路	接触感染（伝染性単核球症様症候群）、母児感染（経胎盤感染）
ワクチン	無
潜伏期間	20～60日
大きさ	150～200nm

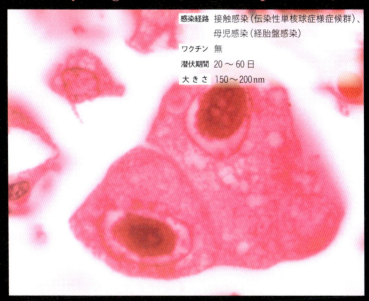

ヘルペスウイルス科の2本鎖DNAウイルスである。90％以上が小児期にHCMV感染し、免疫力が低下すると再び増殖する。HCMVによる感染症には、先天性感染症と後天性感染症がある。先天性CMV感染症は、先天性巨細胞封入体症を発症する。後天性感染症では、免疫抑制療法を受けた臓器移植後の感染症のCMV性間質肺炎は臓器移植を左右する感染症である。また、健常人にも肺炎などを起こすことが知られている。ワクチンなどの予防法は確立されていない。

写真／サイトメガロウイルスが感染した細胞の写真。サイトメガロウイルスは感染した細胞の核内で増殖すると、「owl eye（フクロウの目）」様の特徴的な核内封入体が見られる((c)Visuals Unlimited/Corbis/amanaimages)

ウイルス性肝炎

5つの種類があるウイルス性肝炎

主な肝炎ウイルスとウイルス性肝炎の特徴

特徴	A型肝炎ウイルス	B型肝炎ウイルス	C型肝炎ウイルス
ウイルス科	ピコルナウイルス	ヘパドナウイルス	フラビウイルス
ウイルス属	ヘペトウイルス	オルソヘパドナウイルス	ヘプシウイルス
大きさ	27 nm	42 nm	55〜65 nm
エンベロープ	−	＋	＋
感染経路	糞便−経口感染	輸血、性行為、汚染注射針、母児感染	輸血
潜伏期間	約4週間	2〜3カ月	2週間〜6カ月
慢性化とウイルスキャリア	・慢性化しない ・キャリアもいない	・新生児〜乳幼児期の不顕性感染は大部分慢性化し、キャリアになる ・成人期の慢性化は5〜10%	50〜80%が慢性化しキャリアになる
劇症肝炎	0.1 %	0.2 %	0.2 %
コメント	日本では50歳以下が感受性者(抗体なし)		・日本に70万人の慢性C型肝炎患者がいる ・肝硬変→肝がんに進展
特異的予防法	ワクチンあり 免疫グロブリン筋注	ワクチンあり HBIG	ない

肝炎ウイルスは、A〜E型まで知られている。このうち、DNAを核酸として有するのは、B型だけである。感染経路から区分すると、経口感染するものは、A、E型であり、非経口感染するものは、B、C型である。C型は主に輸血、B型は主に性行為、針刺しなどにより感染する。

A型は、食品、特に野菜や水を介して、経口感染するが、まれに二枚貝からの感染も報告されている。慢性化、劇症化する率は極めて低く、予防としては、A型肝炎ワクチンが極めて有効であり、中国、東南アジア、中近東、南米を訪問する際には、積極的な接種が望まれる。

B型は、垂直感染としては母児感染、水平感染としては輸血・臓器移植、性行為、針刺しなどの医療事故における感染が知られている。一般に、慢性化する率は低いが、母児感染の多くの場合、持続感染を引き起こす。水平感染のうち、多くは無症候であるが、20~30%が1〜6カ月の

D型肝炎ウイルス	E型肝炎ウイルス
未分類	カリシウイルス科から除外され未分類
デルタウイルス	
36 nm	30 nm
+	−
輸血、性行為、汚染注射針	糞便−経口感染
不明	5〜6週間
B型肝炎との重感染で慢性化し重症化する（2〜20%）	・慢性化しない ・キャリアもいない
不明	0.3〜5 %
D型肝炎ウイルスはB型肝炎ウイルスのヘルパー作用がなければ感染できない	・妊婦に感染すると致命的肝炎（死亡率20%） ・発展途上国で最重要の肝炎
B型肝炎ワクチンが予防に有効	開発中

Chapter 2　感染症からみたウイルス・細菌

潜伏期の後、発熱、食欲不振、全身倦怠感などの症状（前駆症状期）の急性肝炎がみられ、引き続きその三分の一で黄疸がみられる（黄疸期）。黄疸を呈する例の約 1% は、劇症肝炎となり 70～80% の高い死亡率を示す。

B 型の S 遺伝子を酵母で産生させたワクチンが、水平・垂直感染に対して有効である。また、HB 免疫グロブリン（HBIG）もキャリアからの新生児への感染予防に使用されている。HBe 抗原が、血中に分泌され診断の有効な指標のひとつとなっている。

C 型は、日本で約 200 万人が感染者であり、唯一の治療薬であるインターフェロンが効きにくい 1b 型が、75~85% を占める。症状として、急性肝炎、劇症肝炎、慢性肝炎、肝硬変、肝細胞がんを起こしうる。急性肝炎の頻度は、激減しているが、慢性化の頻度は非常に高い。C 型急性肝炎の 50~80% が慢性化するといわれている。肝機能は正常であるが、HCV 抗体、HCV-RNA が陽性という、無症候キャリアも存在する。一般的に肝炎発症後、70～80% の症例が慢性化し、20～30 年間の慢性肝炎を経て、20% が肝硬変に至り、1 年間でその 3～5% が肝細胞がんを合併すると考えられている。インターフェロンと抗ウイルス薬による治療法が知られている。

D 型は、B 型肝炎ウイルス存在下でのみ複製可能であり、D 型肝炎を引き起こし、高頻度に慢性化する。

E 型は、A 型と同じ、糞便－経口感染であり、シカやイノシシの生肉が感染源である。潜伏期間は 15 日から 7 週間であり、自然治癒・自然消滅がみられることがあるが、発熱、全身倦怠感、黄疸などの症状を呈し、急性肝炎の症状を示す。妊婦に感染すると、10~20% の高い死亡率を示す。ワクチンは、現在開発中である。

A型肝炎ウイルス
Hepatitis A virus

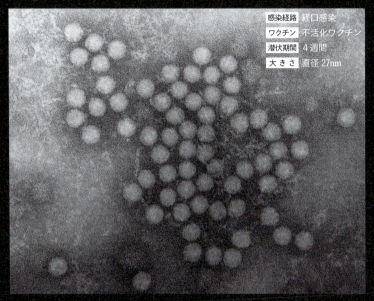

感染経路　経口感染
ワクチン　不活化ワクチン
潜伏期間　4週間
大きさ　　直径27nm

ピコルナウイルス科の1本鎖RNAウイルスである。ウイルスは直径が27nmの小型の球形ウイルスで、耐熱性で60℃でも失活しないが、1〜2ppmの遊離塩素、紫外線照射、ホルマリンで容易に失活する。ウイルスの伝播は、糞便を介して食物、飲料水からの経口感染である。発熱、全身性倦怠感を初症状として発症する急性肝炎でウイルスは感染初期に一過性に血中や糞便中に排泄される。一般的に慢性化するものはない。予防法は不活化ワクチンによる。

写真／電子顕微鏡写真（Science Photo Library / amanaimages）

B型肝炎ウイルス
Hepatitis B virus

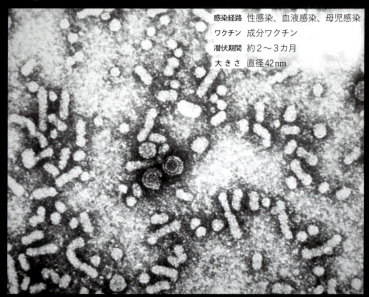

感染経路　性感染、血液感染、母児感染
ワクチン　成分ワクチン
潜伏期間　約2～3カ月
大きさ　　直径42nm

B型肝炎ウイルスはヘパドナウイルス科のDNAウイルスであるが、ウイルスの核酸は、約3200塩基のマイナスとその50～100％の長さを持つプラスのDNAが約200塩基の付着末端を介して結合し、1本鎖DNAを持つ特殊な環状構造をとる。ウイルスは、デーン粒子（Dane粒子）とも呼ばれる。ウイルスの伝播は、非経口感染で主に輸血で感染する。潜伏期間は2～3カ月といわれている。この場合、一過性の急性感染である。母児感染の場合は、ウイルスを保持し続ける保有者になる。ウイルスの予防はHBV成分ワクチンが投与される。ワクチンは現時点では任意接種であるが、早ければ平成28年度から定期接種化される見込みである。

写真／電子顕微鏡写真（Science Source / amanaimages）

C型肝炎ウイルス
Hepatitis C virus

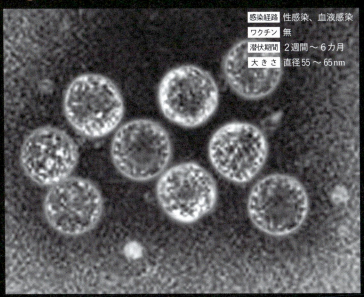

感染経路	性感染、血液感染
ワクチン	無
潜伏期間	2週間～6カ月
大きさ	直径55～65nm

　フラビウイルス科の1本鎖RNAウイルスである。ウイルス粒子は、直径30～60nmのエンベロープを持つ球形粒子である。ウイルスの伝播は、主に輸血で感染する（非常にまれだが、母児感染も報告されている）。肝炎患者の血液中にほとんどウイルス粒子は見つからない。ウイルス感染後2週間～6カ月の潜伏期を経て発症する。また急性肝炎が完全に治癒せず、ウイルスを保有したまま慢性化する。肝硬変、肝細胞がんに進展する率が高いといわれている。ワクチンなどの予防法は確立されていない。治療薬としてインターフェロンが投与される。

写真／電子顕微鏡写真（Science Source ／ amanaimages）

D型肝炎ウイルス
Hepatitis D virus

B型肝炎ウイルスと共存することで、D型肝炎を引き起こす。δ肝炎ウイルス、デルタウイルスともいわれる。D型肝炎ウイルスは、粒子形成に関するすべてを自己でつくることができずに、ヘルパーウイルスとしてB型肝炎ウイルスを必須とする。したがって、B型肝炎ウイルスに対するワクチンは、D型肝炎ウイルスに対しても有効である。一般に、D型肝炎ウイルスが、B型肝炎ウイルスとの重感染あるいは、慢性B型肝炎患者及びB型肝炎ウイルスキャリアーの患者に感染すると、肝炎が重症化すると考えられている。感染経路は、B型肝炎と同じで性交感染、血液感染、医療現場での針刺し事故などがあげられる。

E型肝炎ウイルス
Hepatitis E virus

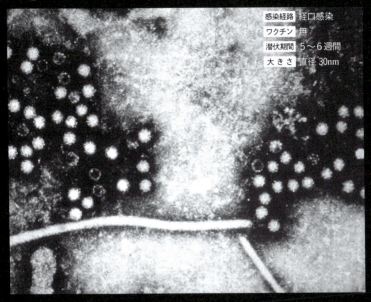

感染経路	経口感染
ワクチン	無
潜伏期間	5〜6週間
大きさ	直径30nm

　ヘペウイルス科の1本鎖RNAウイルスである。大きさは33nm。A型肝炎と同じように、周辺の衛生環境に大きく影響される。そのような地域への旅行の際は注意が必要である。主に糞便、水からの経口感染により伝播する。症状もほぼ同じである。しかし、A型が小児に対して多く発病して致死率が10〜20％であるのに対して1〜2％と低い傾向である。E型肝炎が15歳から40歳くらいの成人に多いのも特徴である。しかし、妊産婦の致死率は20％にまで達するので注意が必要である。潜伏期間が40日と長く、キャリアーを中心に集団感染を引き起こす可能性があるので、発病後は注意が必要である。

写真／電子顕微鏡写真(Science Source / amanaimages)

皮膚感染症、軟部組織感染症
皮膚のバリアを打ち破り侵入する感染症

皮膚は人体で最大の臓器といわれている。皮膚は人体の全身を覆っていて、その総重量は体重の約16%を占めるともいわれる。その役割は外界からの様々な有害物質や病原微生物から身を守り、逆に体内の体液を外に漏らさないようにしてくれている。全身火傷を負うと、体中の水分は外へ流出し、外界からは様々な病原微生物が侵入してくるため、とても生き長らえることはできない。それだけ皮膚は重要な臓器なのである。

皮膚には黄色ブドウ球菌などの常在菌が生息しているが、皮膚に傷ができるとそこから菌が侵入して感染症を起こす。怪我をしたときに傷口をちゃんと洗っておかないと、傷口に細菌が感染し化膿してしまう。とびひ（伝染性膿痂疹）も皮膚感染症でこれは黄色ブドウ球菌が産生する毒素が原因である。

人食いバクテリアと呼ばれる恐ろしい病原体が存在する。劇症型溶血性連鎖球菌感染症はA群溶血性連鎖球菌による感染症である。病原菌はわずかな傷口から侵入し最初は局所の腫れや発赤であるが、皮下組織や筋肉をどんどん蝕んでいき、あっという間に全身へと広がっていく恐ろしい感染症である。ビブリオ属の細菌のひとつであるビブリオ・バルニフィカスも人食いバクテリアである。海産物などから感染し、重篤な敗血症を引き起こす。

人食いバクテリアの恐ろしさは、その進行の速さである。発症してからわずか数日で死亡する症例も多い。診断がついたら、出来るだけ早急に抗菌薬による

治療をおこなわなければ救命することはできない。まさに時間との勝負である。

劇症型溶血性連鎖球菌感染症の進行

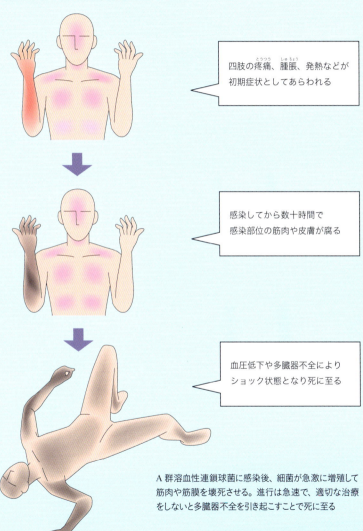

四肢の疼痛、腫脹、発熱などが初期症状としてあらわれる

感染してから数十時間で感染部位の筋肉や皮膚が腐る

血圧低下や多臓器不全によりショック状態となり死に至る

A群溶血性連鎖球菌に感染後、細菌が急激に増殖して筋肉や筋膜を壊死させる。進行は急速で、適切な治療をしないと多臓器不全を引き起こすことで死に至る

発疹性ウイルス感染症
子どもにみられる様々な発疹

　麻疹、風疹（三日はしか）、水痘（みずぼうそう）。これらは、子どもの頃にかかったという人も多いだろう。いずれもウイルスによる感染症であるが、共通することは発熱と発疹が出現することである。小児科の医師は、日常の診療でこれらの発疹性疾患を見分けているのである。

　感染症によって発疹の性状や出現する部位が違うので、それが診断の手がかりとなる。例えば、麻疹でみられる発疹は顔や首のあたりからはじまって、やがて全身に広がる。そして発疹同士がくっつく傾向があり、発疹が治まった後も色素沈着を残すのが特徴である。風疹も麻疹と似ているが、発疹はあまりくっつかず、色素沈着も残さないのが麻疹との違いである。水痘の発疹は水疱状（水ぶくれ）をしており、全身に広がって新しい水疱と痂皮（かさぶた）が混在しているのが特徴である。

　また、ある特定の部分だけに発疹がみられる感染症もある。手足口病は、その名の通り手と足と口に水疱状の発疹が出現する。伝染性紅斑（りんご病）は、ほっぺたがりんごのように赤くなり、腕と脚にも発疹がみられる。突発性発疹は発疹が出現するタイミングに特徴がある。多くの発疹性感染症は、発熱とともに発疹が出現するが、突発性発疹では3日間の発熱の後、解熱と同時に発疹が出現するのである。

　このように、発疹性疾患といってもその発疹の性状や出現部位など様々な特徴があり、それが原因鑑別の手がかりとなっているのである。

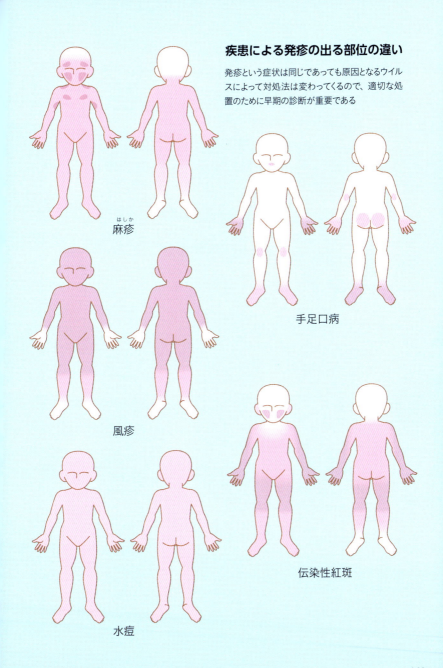

疾患による発疹の出る部位の違い

発疹という症状は同じであっても原因となるウイルスによって対処法は変わってくるので、適切な処置のために早期の診断が重要である

麻疹(はしか)

風疹

水痘

手足口病

伝染性紅斑

麻疹ウイルス
Measles virus

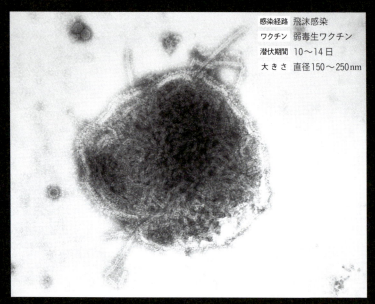

感染経路	飛沫感染
ワクチン	弱毒生ワクチン
潜伏期間	10〜14日
大きさ	直径150〜250nm

パラミクソウイルス科モルビリウイルス属の1本鎖RNAウイルスである。エンベロープを有し、ウイルスの伝播は、飛沫、飛沫核感染で、患者の咳の飛沫、鼻汁などを介して気道や鼻粘膜から感染する。ウイルスの潜伏期は約10日でその後、微熱、咳、高熱の順で症状があらわれる(前駆期)。その後発疹があらわれる(発疹期)。発疹期は約5日間続き回復へと向かう(回復期)。また前駆期の終わりに口腔粘膜にみられる白いコプリック(Koplik)斑は麻疹に特徴的である。一回の感染で終生の免疫となる。予防は弱毒生ワクチンが有効である。

写真/電子顕微鏡写真(Science Source / amanaimages)

風疹ウイルス
Rubella virus

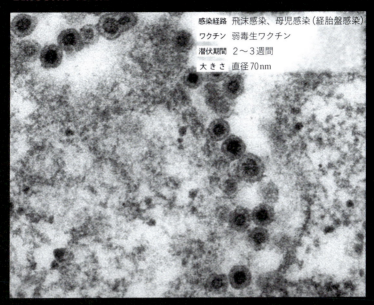

感染経路　飛沫感染、母児感染（経胎盤感染）
ワクチン　弱毒生ワクチン
潜伏期間　2〜3週間
大きさ　　直径70nm

　トガウイルス科ルビウイルス属の1本鎖RNAウイルスである。エンベロープを有し、人から人への飛沫により感染する。潜伏期は約2〜3週間で、感染しても発症をしない不顕性感染も10〜30％あるといわれている。一回の感染で終生の免疫となる。妊娠中に感染すると、胎盤を介して子宮内で胎児がウイルスに感染し先天性奇形児、先天性風疹症候群（CRS）の新生児を出生する。CRSは白内障、難聴、心奇形を主徴とする。予防は弱毒生ワクチンが有効である。

写真／電子顕微鏡写真（国立感染症研究所）

水痘・帯状疱疹ウイルス
Varicella-zoster virus (Human herpes virus 3)

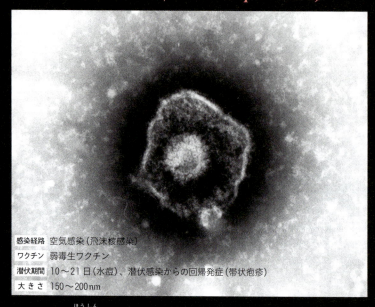

感染経路	空気感染（飛沫核感染）
ワクチン	弱毒生ワクチン
潜伏期間	10〜21日（水痘）、潜伏感染からの回帰発症（帯状疱疹）
大きさ	150〜200nm

水痘と帯状疱疹の病原ウイルスで、ヘルペスウイルス科の2本鎖DNAウイルスである。水痘は一般には水ぼうそうと呼ばれ、水痘帯状疱疹ウイルス（VZV）感染により引き起こされる発熱と発疹を主症状とする良性の疾患である。VZVは主に経気道を通して感染し、局所のリンパ組織で増殖したのち肝臓や脾臓で増殖し、全身に疱疹が出現する。皮膚に達したVZVは、毛細血管内皮細胞で増殖して水疱を形成し、水痘を発症させる。ウイルスは水痘治癒後も脊髄後根神経節、三叉神経節に潜伏感染し、ウイルスが再活性化すると帯状疱疹となる。一般に再罹患水痘やワクチン接種後の自然水痘は軽症であるといわれる。

ヒトパルボウイルスB19
Human parvovirus B19

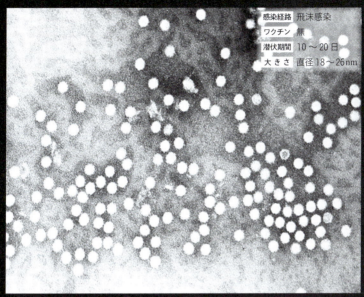

感染経路	飛沫感染
ワクチン	無
潜伏期間	10〜20日
大きさ	直径18〜26nm

パルボウイルス科の1本鎖DNAウイルスである。小児の伝染性紅斑、通称リンゴ病の原因ウイルスである。伝染性紅斑のほか紫斑病、リウマチ様関節炎、溶血性貧血疾患からも分離される。ウイルスは赤血球の前駆細胞である骨髄赤芽球前駆細胞で増殖し、ウイルスは血流を介し全身に広がる(ウイルス血症)。ウイルス血症の期間は口腔内および尿中にもウイルスが存在する。伝染性紅斑は紅色斑状発疹が顔面にあらわれ、数日のうちに全身に広がる。紅母体から胎児への感染もあるといわれ、妊娠中期に感染すると胎児水腫を起こしやすく流産の原因にもなるといわれている。

写真／電子顕微鏡写真(Science Source / amanaimages)

ベクター介在感染症

ベクターにより運ばれる感染症

ベクター介在感染では、病原体を感受性宿主から他の感受性宿主へ運ぶベクター（媒介者）が存在し感染症が拡大する。ベクターは一般的に吸血動物が多い。これとは別に病原体が維持増幅され、感受性動物に対して伝播される状態になっているリザーバー（病原保有体）が存在する。

ベクターにはふたつのタイプがあり、ベクター体内では病原体が増殖せず、病原体を保持したまま、感受性宿主から他の感受性宿主へ伝播するものと、ベクター体内で病原体が増殖し、リザーバーとなり、感受性宿主から他の感受性宿主へと伝播す

2種類のベクター感染

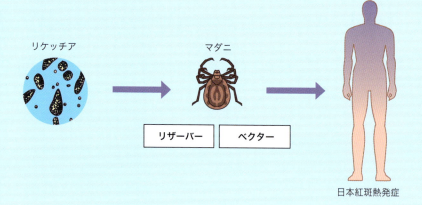

リケッチアでは、マダニがベクターとリザーバーを兼ね、マダニがヒトを吸血することで発症する

るものがある。

たとえばリケッチアの疾患である日本紅斑熱ではマダニがベクターとリザーバーを兼ね、感受性宿主であるヒトを吸血することにより発症する。

日本脳炎の場合は、ベクターはコガタアカイエカで、ウイルスは蚊の体内でも増殖するのでリザーバーも兼ねるが、本来のリザーバーはブタである。日本脳炎ウイルスはブタ体内で増殖しそれを吸血したコガタアカイエカにより感受性宿主であるヒトが感染する。この場合日本脳炎ウイルスに感染したブタが発症することはない。

代表的なベクターとしては、ツェツェバエによる眠り病、ネズミのノミによるペスト、ハマダラカによるマラリア、ネッタイシマカによるデング熱、黄熱、マダニによる日本紅斑熱、Q熱、ライム病、回帰熱、ダニ媒介性脳炎、重症熱性血小板減少症候群などがある。

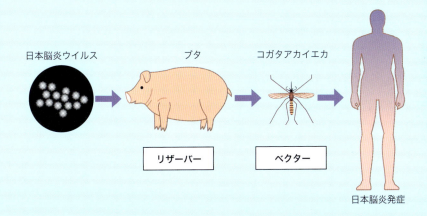

日本脳炎ウイルスでは、ブタがリザーバーとなり、ブタを吸血したコガタアカイエカがベクターとしてヒトを吸血することで発症する

Chapter 2 感染症からみたウイルス・細菌

マラリア原虫
Plasmodium spp.

感染経路 経皮感染（蚊の刺咬）
ワクチン 開発中
大きさ 直径約1.5μm

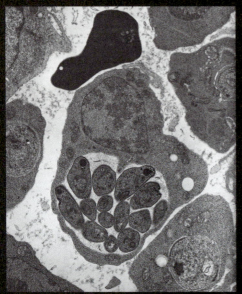

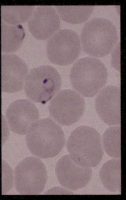

マラリアは原虫感染症で、輸入感染症のひとつである。マラリア原虫は、ヒトの赤血球と蚊の体内で有性生殖と無性生殖の世代交代をする。三日熱マラリア、四日熱マラリア、熱帯熱マラリア、卵形マラリアがヒトに感染する。熱帯熱マラリアは重症化し脳や腎臓を障害し、最後には死にいたる。媒介蚊はハマダラカである。抗マラリア剤としてキニーネ、クロロキンなどが有効である。

写真／左：電子顕微鏡写真（Science Source ／ amanaimages）、右：ギムザ染色写真（北里大学医療衛生学部微生物学研究室）

日本脳炎ウイルス
Japanese encephalitis virus

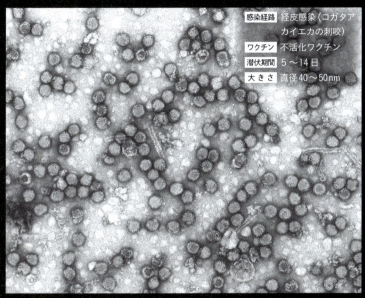

感染経路	経皮感染（コガタアカイエカの刺咬）
ワクチン	不活化ワクチン
潜伏期間	5〜14日
大きさ	直径40〜50nm

フラビウイルス科の1本鎖RNAウイルスである。日本脳炎はコガタアカイエカの媒介により感染する。ほとんどは不顕性感染であるが、50〜1000人に1人が頭痛を伴う発熱、無菌性髄膜炎、典型的な急性脳炎の症状を呈する。致命率は20〜50％といわれ、回復者の70〜80％に神経精神障害を伴う後遺症がみられる。前駆症状*として頭痛、発熱、悪寒、食欲不振、小児では下痢や腹痛があり、その後症状は急激に悪化し、意識障害、運動失調など他覚的神経障害を示す。後遺症として、痙攣（けいれん）、運動障害、知能障害などがあり、社会適応性の点で問題を残す。本ウイルスの増幅動物としては、数日にわたりウイルス血症を起こすブタが重要である。

用語解説　**前駆症状**：病気の前兆としてあらわれる症状

写真／電子顕微鏡写真（長崎大学熱帯医学研究所）

黄熱ウイルス
Yellow fever virus

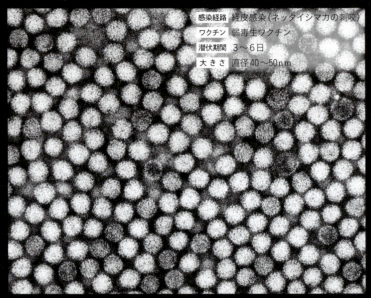

感染経路	経皮感染（ネッタイシマカの刺咬）
ワクチン	弱毒生ワクチン
潜伏期間	3〜6日
大きさ	直径40〜50nm

フラビウイルス科の1本鎖RNAウイルスである。黄熱病の原因ウイルスである。都市黄熱のウイルスは、ウイルス血症のある患者から血を吸ったネッタイシマカ、ヒトスジシマカを介して伝染する。ジャングル（森林）黄熱は、特定の蚊によって野生のサルの間で伝達され森林中に存在している。発症は突然で、高熱（39〜40℃）を伴う。顔面は紅潮し、眼は充血する。筋肉痛、悪心、嘔吐、頭痛を伴う。軽症の場合病気は1〜3日後に緩解期となる。重度の症例の場合、強いアルブミン尿症、黄疸、吐血、点状出血、粘膜出血があらわれる。後遺症は知られていない。臨床的に診断のついた症例の10％は、死亡するといわれている。

写真／電子顕微鏡写真（Visuals Unlimited, Inc. ／ amanaimages）

デングウイルス
Dengue virus

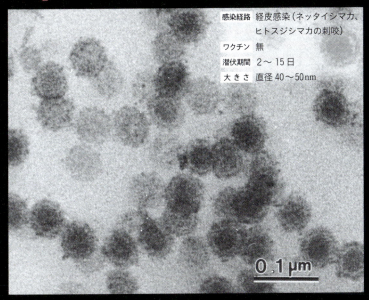

感染経路	経皮感染(ネッタイシマカ、ヒトスジシマカの刺咬)
ワクチン	無
潜伏期間	2〜15日
大きさ	直径40〜50nm

フラビウイルス科の1本鎖RNAウイルスである。デング熱病の原因ウイルスである。媒介蚊は、ネッタイシマカ、ヒトスジシマカである。地球の温暖化のため、ネッタイシマカの生息域も北上し1994年台湾の台北市で定着した。ウイルスの感染による病気はデング熱、デング出血熱、不明熱がある。デング熱は2〜15日の潜伏期の後、突然発病し、高熱とともに、多くは頭痛、関節痛、筋肉痛、リンパ節腫脹症をともなう。一般には良性の経過をたどる。デング出血熱(DHF)は初期症状後、2〜5病日で症状は急激に悪化し低血圧によるショック症状を示す。皮下出血、溢血、鼻出血など出血傾向もみられ、血尿、気管、内臓からの大量出血により死亡することもある。

写真／電子顕微鏡写真(国立感染症研究所)

Chapter 2 感染症からみたウイルス・細菌

リケッチア
Rickettsia spp.

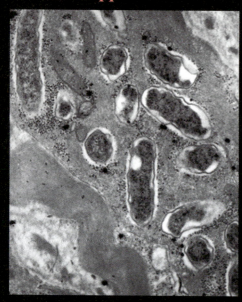

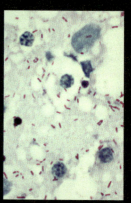

感染経路	経皮感染（ダニ、ノミ、シラミの刺咬）
ワクチン	発疹チフスはワクチンあり
大きさ	約 0.6×0.3μm

リケッチア症の細菌は偏性細胞寄生性で、2分裂で増殖する。シラミ、ノミ、ダニ、ツツガムシなどの節足動物（媒介動物）からヒトを含む保菌動物（リザーバー）で増殖し発症させる人獣共通感染症のひとつである。主な疾患に発疹チフス、発疹熱、日本紅斑熱、ツツガムシ病がある。治療薬にはテトラサイクリン、ミノサイクリン、クロラムフェニコールが有効である。

写真／左：電子顕微鏡写真（Visuals Unlimited, Inc. / amanaimages）、右：ギムザ染色写真

狂犬病ウイルス
Rabies virus

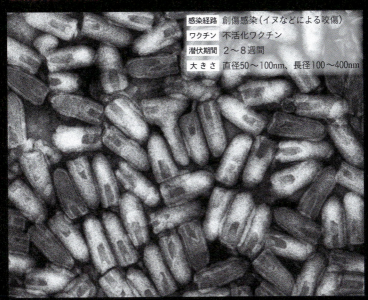

感染経路	創傷感染（イヌなどによる咬傷）
ワクチン	不活化ワクチン
潜伏期間	2〜8週間
大きさ	直径50〜100nm、長径100〜400nm

ラブドウイルス科の1本鎖RNAウイルスである。狂犬病ウイルスは狂犬病に感染した動物の唾液中に存在し、その動物にかまれることにより感染する。犬の狂犬病は本邦では1957年以降発生していないが、ラテンアメリカ、アフリカ、アジアのほとんどの国で流行している。狂犬病ウイルスは神経に親和性があり、感染部位から末梢神経をつたい脊髄および脳に到達し増殖する。その後神経を通って唾液線から唾液中に移行するといわれている。発症は発熱、倦怠感ではじまり、制御できない程興奮する場合もあり、喉頭および咽喉筋のけいれんを伴う。全身麻痺から3〜10日で死に至る。狂犬病の予防は、ワクチンによる犬の集団接種がおこなわれている。

写真／電子顕微鏡写真（Science Source / amanaimages）

ウイルス性出血熱

危険すぎるウイルス

ウイルス性出血熱は、悪寒、発熱、全身倦怠、筋肉痛、食欲不振など初期症状はインフルエンザ様の非特異的症状ではじまる。その後高熱、咽頭痛、下痢などの症状が出現する。白血球減少、意識の混濁、重症化すると全身出血がみられる。肝腎不全と消化管出血により死亡する。

日本では死亡率も高く、特に重篤な症状をひき起こし、また感染者からの二次感染により大きな流行を起こすことから、エボラ出血熱、マールブルグ病、ラッサ熱、クリミア・コンゴ出血熱、南米出血熱（アルゼンチン出血熱、ブラジル出血熱、ベネズエラ出血熱、ボリビア出血熱）については、1類感染症に指定されている。

1類感染症の場合は、感染者は原則として入院、隔離し、公的機関への早急な届け出が義務

エボラ出血熱、マールブルグ病、ラッサ熱の発生地域

（国立感染症研究所より）

づけられている。同時に消毒や通行制限などの措置がとられる。病原体の取り扱いは、バイオセーフティーレベル(BSL)4施設でおこなわれ、同施設でのみ病原体に対するワクチンや診断方法、治療薬、治療方法の開発などをおこなうことが出来る。

一方、黄熱、腎症候性出血熱、デング熱は、4類感染症に指定されている。出血熱の予防には黄熱病では生ワクチンが用いられている。最近デング熱ワクチンが開発された。エボラウイルス、ラッサウイルスについてはワクチンを開発中であるが、クリミア・コンゴ出血熱については全く開発されていない。

各バイオセーフティーレベルにおける実践操作法と施設の基準

BSL	病原体	実践操作法	設備
1	健康成人に病気を起こすことが知られていない病原体	標準微生物学的操作法	実験台と手洗い用流し台
2	ヒトに病気を起こす病原体	BSL1操作法に加えて ・実験中は入室禁止 ・鋭利なものへの注意 ・バイオセーフティーマニュアル	BSL1に加えて ・オートクレープ
3	重症または致死性の病気を起こす可能性のある病原体	BSL2操作法に加えて ・入退室管理 ・全廃棄物の除染 ・使用済み実験衣は洗濯前に除染	BSL2に加えて ・一般通路と物理的に遮断 ・自動閉鎖、二重ドア ・非循環型排気 ・実験室内は陰圧 ・エアーロックまたは前室を経て実験室に入室 ・実験室出口付近に手洗い用流し台
4	・致死性が高く、ワクチンや治療法がない病気の病原体 ・伝播リスク不明の病原体	BSL3操作法に加えて ・入室前に更衣 ・退室時シャワー ・実験室外に持ち出すものはすべて除菌	BSL3に加えて ・独立した建物または隔離された区域 ・独立した給排気システムや除染システム

Chapter 2 **感染症からみたウイルス・細菌**

エボラウイルス
Ebola virus

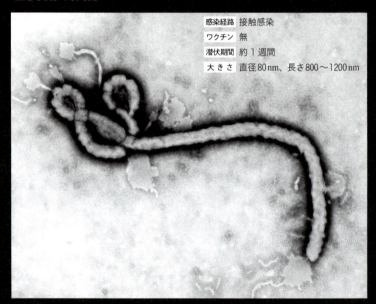

感染経路	接触感染
ワクチン	無
潜伏期間	約1週間
大きさ	直径80 nm、長さ800〜1200 nm

エボラウイルスとマールブルグウイルスは、フィロウイルス科の1本鎖RNAウイルスである。ウイルスの核酸は、マイナス鎖1本鎖RNAウイルスである。成熟ウイルスは他の動物ウイルスにはみられない際だった多形性を示す。エボラウイルスによるエボラ出血熱、マールブルグウイルスによるマールブルグ病がある。マールブルグ病はウガンダから輸入されたミドリザルの解剖に携わった従事者が感染発症した。ともに我が国では国際伝染病に指定されている。ウイルスの自然宿主動物はコウモリが疑われている。ウイルス感染後、インフルエンザ様の症状ではじまり、その後高熱、下痢などが出現し、発熱は40℃に達し、嘔吐を繰り返し出血性の丘疹性紅斑が出現する。

写真／電子顕微鏡写真(Science Source / amanaimages)

マールブルグウイルス
Marburgvirus

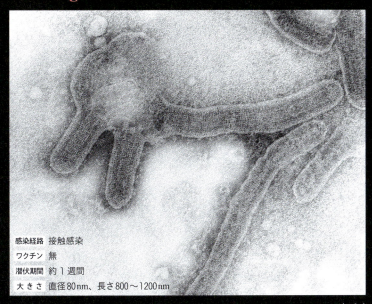

感染経路 接触感染
ワクチン 無
潜伏期間 約1週間
大きさ 直径80nm、長さ800〜1200nm

その後うっ血性の肺炎、肝炎、腎炎が起こり全身のリンパ節の腫脹がみられ、ショック症状、腎不全などで7〜14病日で死亡する。死亡率はエボラ出血熱で、60〜70％、マールブルグ病で40〜50％といわれる。発生地では不顕性感染も報告されている。ワクチンなどの予防法は確立されていない。2015年のエボラ出血熱流行の際には、抗インフルエンザウイルス用に開発されたRNA依存性RNAポリメラーゼ阻害剤であるファビピラビル（商品名アビガン）が投与された。ファビピラビルは、マウスによる動物実験において、エボラウイルス感染初期に投与を開始すると、ある程度の治療効果が認められている。

ラッサウイルス
Lassavirus

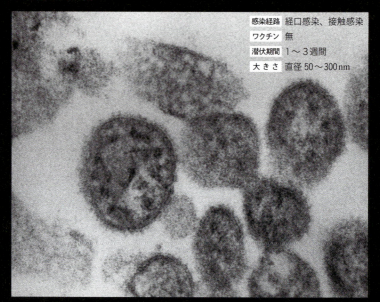

感染経路	経口感染、接触感染
ワクチン	無
潜伏期間	1〜3週間
大きさ	直径50〜300nm

アレナウイルス科の1本鎖RNAウイルスである。ウイルスRNAはアンビセンスRNA（RNA2分子）構造をとる。ラッサ出血熱は全身性のアレナウイルス感染症で、ほとんどの内臓器官が障害を受ける。マストミスという野生ラットの尿が感染源で、食物の汚染による経口感染である。人から人へ尿、唾液、血液などを介しても感染する。インフルエンザ様の症状ではじまり、咽頭痛が悪化し白色または黄色滲出物の斑点が扁桃腺部位に認められ、癒合して偽膜になる。その後下腹部痛と嘔吐、鼻血、歯肉からの出血や斑点状丘疹が認められ、重症の場合、意識の混濁、胸水が出現し、けいれんの大発作が起こり死亡する。死亡率は16〜45％、後遺症として5％に難聴、一過性の失明が起こる。

写真／電子顕微鏡写真（Science Photo Library / amanaimages）

ハンタウイルス
Hantavirus

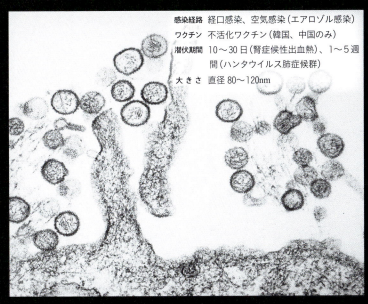

感染経路	経口感染、空気感染(エアロゾル感染)
ワクチン	不活化ワクチン(韓国、中国のみ)
潜伏期間	10〜30日(腎症候性出血熱)、1〜5週間(ハンタウイルス肺症候群)
大きさ	直径80〜120nm

ブニヤウイルス科の1本鎖RNAウイルスである。腎症候性出血熱およびハンタウイルス肺症候群の起因ウイルスである。ラッサ熱ウイルスと同様、野生齧歯類の排泄物が感染源で、食物の汚染による経口感染である。自然宿主は齧歯類で不顕性感染しているが、ヒトに感染すると重篤な全身感染や腎疾患を引き起こすドブネズミや高麗セスジネズミが媒介する重症型の腎症候性出血熱では、10〜30日の潜伏期後、低血圧を伴う発熱、腎不全に移行し高度のタンパク尿、血尿を伴う。皮下や臓器に出血を伴うこともある。重症型の致死率は3〜15%といわれる。

写真／電子顕微鏡写真

クリミアコンゴ出血熱ウイルス
Crimean-congo hemorrhagic fevervirus

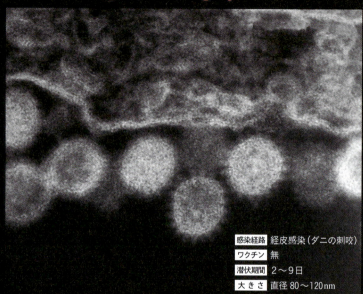

感染経路	経皮感染（ダニの刺咬）
ワクチン	無
潜伏期間	2〜9日
大きさ	直径80〜120nm

ブニヤウイルス科の1本鎖RNAウイルスである。自然宿主は家畜であるヤギ、ヒツジ、ウシなどで、これらに寄生するダニにより媒介され、ダニ間では経卵感染している。感染経路は、感染ダニによる経路、感染動物の血液、組織による経路、人から人への2次感染は感染者の血液、血液混入の排泄物、汚物による接触感染である。潜伏期間は2〜9日で発熱を伴う頭痛、筋肉痛、関節痛により発症し重症化すると全身出血がみられる。肝腎不全と消化管出血により死亡する。致命率は15〜40％といわれる。

その他の病を引き起こす微生物

天然痘ウイルス
Variola virus

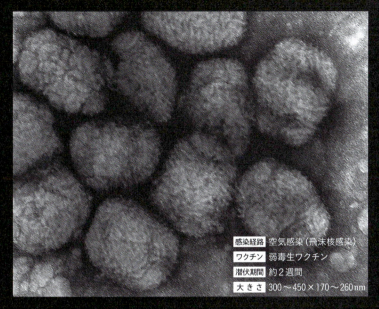

感染経路	空気感染（飛沫核感染）
ワクチン	弱毒生ワクチン
潜伏期間	約2週間
大きさ	300〜450×170〜260nm

ポックスウイルス科の2本鎖DNAウイルスである。痘瘡ウイルスには大痘瘡（致命率30〜40％）、小痘瘡（致命率1％前後）および中間型の3種類に分類されている。肺や局所リンパ節で増殖後、肺、肝臓、脾臓の毛細血管でウイルス血症を起こす。このとき発熱、頭痛などの前駆症状があらわれる。その後全身に発疹が生じ、発疹は紅斑、水疱、膿疱となり痂皮を形成する。痂皮が脱落後発疹部には瘢痕を残す。WHOの全世界痘瘡根絶計画が奏功して、1977年10月、東アフリカのソマリアにおける患者発生が最後だったことから2年間の猶予期間をおいてWHOは1979年この地球上から天然痘が撲滅されたと宣言した。

写真／電子顕微鏡写真（Science Source / amanaimages）

Chapter 2 感染症からみたウイルス・細菌

炭疽菌
その他の病を引き起こす微生物

Bacillus anthracis

感染経路 空気感染(エアロゾル感染)、経口感染、創傷感染
ワクチン 不活化ワクチン、弱毒生ワクチン
大きさ 1〜1.2×5〜10μm

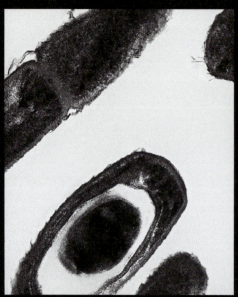
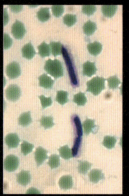

グラム陽性の通性嫌気性の桿菌である。芽胞を形成し、主に土壌中に生息している。莢膜と毒素を産生し病原性が高い。芽胞により耐久性が高く、病原性も高いので生物兵器として研究されてきた。米同時多発テロの直後にバイオテロとして使用された。炭疽菌の芽胞を含む粉末が封筒で郵送され、開封した10人が感染し、2人が死亡したと報告されている。感染すると、皮膚炭疽、肺炭疽、腸炭疽の3つの病型をとる。皮膚炭疽は最も多く、傷口から感染し皮膚が黒く壊死するため、炭のような外観を呈する。肺炭疽では経気道的に肺に菌が侵入し、その後全身へと広がる。未治療での致死率は90%にも上る。腸炭疽は芽胞を経口摂取することで起こり、腹痛・下痢などの症状をきたす。

写真／左:電子顕微鏡写真(Corbis / amanaimages)、右:莢膜染色写真

ペスト菌 その他の病を引き起こす微生物
Yersinia pestis

感染経路	経皮感染（ノミの刺咬）、飛沫感染
ワクチン	不活化ワクチン
大きさ	0.5〜0.8×1.0〜3.0μm

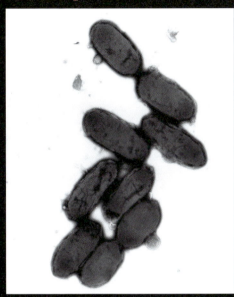
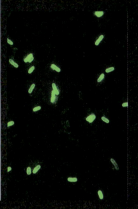

ペストは、非常に高い致死率と皮膚が黒くなることから黒死病とも呼ばれる。自然界ではネズミを刺したノミにより伝染し、また、感染者の喀痰・膿・血液が感染源となり、飛沫・接触感染を引き起こす。中世ヨーロッパでは1億人を超える死者を出したとされ、人類史上最大の脅威であった。ペストは現在、その性質から感染症法で1類感染症、腸内細菌科に分類されている。肺ペスト・腺ペスト・敗血症型のペストがあり、黒死病の名前は皮膚に出血班が生じ全身に黒いあざができる敗血症型が由来とされている。

写真／左：電子顕微鏡写真（Science Photo Library / amanaimages）、右：蛍光染色写真

ペスト菌の発見を巡る争い

　ペストは、序章のブリューゲルの絵画に描かれたように、中世ヨーロッパで「黒死病」として恐れられ、実にヨーロッパの人口の三分の一（約 2500 万人）が 14 世紀に失われたといわれている。ペストの原因微生物であるペスト菌（*Yersinia pestis*）は、元々ネズミの間で流行するが、ノミが媒介することでヒトにも感染する。

　1894 年にもペストの流行が香港で発生した。このとき、調査のために日本から派遣されたのが北里柴三郎であった。一方、フランス領インドシナからも、フランス人細菌学者アレクサンドラ・イェルサンも調査のために派遣された。それぞれの調査団は、ほぼ同時期にペスト菌を発見することになるのだが、後に「ペスト菌論争」と呼ばれる発見者を巡る争いが引き起こされる。様々な経緯を経て、1967 年にはペスト菌がイェルサンの名前にちなんで *Yersinia pestis* と命名された。しかし、1976 年のアメリカの微生物学会誌において両者が香港で発見した菌は同一のペスト菌であることが示され、両者に発見の栄誉を与えるべきであるとの結論に至り、論争に終止符が打たれた。

　その後、ペストは 1899 年に日本に初上陸する。北里柴三郎は「伝染病予防法」を策定し、ネズミの駆除をおこなうなどして、日本におけるペストの流行を終息へと導いた。

Chapter 3 ウイルス・細菌図鑑

Chapter 3 ウイルス・細菌図鑑

ウイルス名

分類	核酸の種類	科	BSL
図	感染経路		
	潜伏期間		
	疾患		
	ワクチン		

天然痘ウイルス／*Variola virus*

ウイルス	DNA ウイルス	ポックスウイルス科	4
	空気感染（飛沫核感染）		
	約2週間		
	天然痘（痘瘡）		
	弱毒生ワクチン		

単純ヘルペスウイルス／*Herpes simplex virus*

ウイルス	DNA ウイルス	ヘルペスウイルス科	2
	接触感染、性感染		
	潜伏感染からの回帰発症		
	口唇ヘルペス、性器ヘルペス、ヘルペス脳炎		
	無		

水痘・帯状疱疹ウイルス／*Varicella-zoster virus*

ウイルス	DNA ウイルス	ヘルペスウイルス科	2
	空気感染（飛沫核感染）		
	10〜21日（水痘）、潜伏感染からの回帰発症（帯状疱疹）		
	水痘（みずぼうそう）、帯状疱疹		
	弱毒生ワクチン		

ヒトサイトメガロウイルス / *Human cytomegalovirus*

ウイルス	DNA ウイルス	ヘルペスウイルス科	2
	接触感染(伝染性単核球症様症候群)、母児感染(経胎盤感染)		
	20〜60日		
	伝染性単核球症様症候群、先天性サイトメガロウイルス感染症		
	無		

※感染した細胞の写真

アデノウイルス / *Adenovirus*

ウイルス	DNA ウイルス	アデノウイルス科	2
	接触感染、経口感染		
	3〜7日(咽頭結膜熱)、6〜12日(流行性角結膜炎)、約1週間(感染性胃腸炎)		
	咽頭結膜炎(プール熱)、流行性角結膜炎(はやり目)、感染性胃腸炎		
	無		

ヒトパピローマウイルス / *Human papillomavirus*

ウイルス	DNA ウイルス	パピローマウイルス科	2
	性感染、接触感染		
	数年〜十数年		
	子宮頸がん、尖圭コンジローマ、中咽頭がん		
	成分ワクチン		

ヒトパルボウイルス B19 / *Human parvovirus B19*

ウイルス	DNA ウイルス	パルボウイルス科	2
	飛沫感染		
	10〜20日		
	伝染性紅斑(りんご病)		
	無		

Chapter 3 ウイルス・細菌図鑑

インフルエンザウイルス / *Influenza virus*

ウイルス	RNA ウイルス	オルソミクソウイルス科	2
	飛沫感染			
	1〜5日			
	インフルエンザ			
	成分ワクチン			

パラインフルエンザウイルス / *Parainfluenza virus*

ウイルス	RNA ウイルス	パラミクソウイルス科	2
	飛沫感染			
	2〜6日			
	パラインフルエンザ			
	無			

ムンプスウイルス / *Mumps virus*

ウイルス	RNA ウイルス	パラミクソウイルス科	2
	飛沫感染			
	2〜3週間			
	流行性耳下腺炎（おたふくかぜ）、無菌性髄膜炎			
	弱毒生ワクチン			

麻疹ウイルス / *Measles virus*

ウイルス	RNA ウイルス	パラミクソウイルス科	2
	飛沫感染			
	10〜14日			
	麻疹、亜急性硬化性全脳炎			
	弱毒生ワクチン			

RSウイルス / *Respiratory syncytial virus*

ウイルス	RNA ウイルス	パラミクソウイルス科	2
	飛沫感染、接触感染		
	4～6日		
	乳幼児細気管支炎、肺炎		
	無		

風疹ウイルス / *Rubella virus*

ウイルス	RNA ウイルス	トガウイルス科	2
	飛沫感染、母児感染（経胎盤感染）		
	2～3週間		
	風疹（三日はしか）、先天性風疹症候群		
	弱毒生ワクチン		

日本脳炎ウイルス / *Japanese encephalitis virus*

ウイルス	RNA ウイルス	フラビウイルス科	2
	経皮感染（コガタアカイエカの刺咬）		
	5～14日		
	日本脳炎		
	不活化ワクチン		

デングウイルス / *Dengue virus*

ウイルス	RNA ウイルス	フラビウイルス科	2
	経皮感染（ネッタイシマカ、ヒトスジシマカの刺咬）		
	2～7日		
	デング熱、デング出血熱		
	無		

Chapter 3 ウイルス・細菌図鑑

黄熱ウイルス / Yellow fever virus

ウイルス	RNA ウイルス	フラビウイルス科	3
	経皮感染（ネッタイシマカの刺咬）			
	3〜6日			
	黄熱病			
	弱毒生ワクチン			

ラッサウイルス / Lassa virus

ウイルス	RNA ウイルス	アレナウイルス科	4
	経口感染、接触感染			
	1〜3週間			
	ラッサ熱			
	無			

クリミアコンゴ出血熱ウイルス / Crimean-congo hemorrhagic fever virus

ウイルス	RNA ウイルス	ブニヤウイルス科	4
	経皮感染（ダニの刺咬）			
	2〜9日			
	クリミアコンゴ出血熱			
	無			

ハンタウイルス / Hantavirus

ウイルス	RNA ウイルス	ブニヤウイルス科	3
	経口感染、空気感染（エアロゾル感染）			
	10〜30日（腎症候性出血熱）、1〜5週間（ハンタウイルス肺症候群）			
	腎症候出血熱、ハインタウイルス肺症候群			
	不活化ワクチン（韓国、中国のみ）			

SARS コロナウイルス / *SARS Coronavirus*

ウイルス	RNA ウイルス	コロナウイルス科	3
	飛沫感染		
	2～7日		
	重症急性呼吸器症候群（SARS）		
	無		

ポリオウイルス / *Poliovirus*

ウイルス	RNA ウイルス	ピコルナウイルス科	2
	経口感染		
	4～35日		
	急性灰白髄炎（ポリオ）		
	不活化ワクチン		

ヒトライノウイルス / *Human rhinovirus*

ウイルス	RNA ウイルス	ピコルナウイルス科	2
	飛沫感染、接触感染		
	1～3日		
	ウイルス性感冒		
	無		

ヒトロタウイルス / *Human rotavirus*

ウイルス	RNA ウイルス	レオウイルス科	2
	経口感染		
	1～3日		
	乳幼児冬季下痢症		
	弱毒生ワクチン		

Chapter 3 ウイルス・細菌図鑑

狂犬病ウイルス / *Rabies virus*

ウイルス	RNA ウイルス	ラブドウイルス科	3
	創傷感染（イヌなどによる咬傷）		
	2～8 週間		
	狂犬病		
	不活化ワクチン		

マールブルグウイルス / *Marburgvirus*

ウイルス	RNA ウイルス	フィロウイルス科	4
	接触感染		
	約 1 週間		
	マールブルグ病		
	無		

エボラウイルス / *Ebola virus*

ウイルス	RNA ウイルス	フィロウイルス科	4
	接触感染		
	約 1 週間		
	エボラ出血熱		
	無		

ヒト T 細胞白血病ウイルス / *Human T-cell leukemic virus*

ウイルス	RNA ウイルス	レトロウイルス科	2
	母児感染（母乳感染）		
	数十年		
	成人 T 細胞白血病		
	無		

ヒト免疫不全ウイルス / *Human immunodeficiency virus*

ウイルス	RNA ウイルス	レトロウイルス科	3
	性感染、血液感染、母児感染		
	数年		
	後天性免疫不全症候群（AIDS）		
	無		

A 型肝炎ウイルス / *Hepatitis A virus*

ウイルス	RNA ウイルス	ピコルナウイルス科	2
	経口感染		
	約 1 カ月		
	A 型肝炎（急性肝炎）		
	不活化ワクチン		

B 型肝炎ウイルス / *Hepatitis B virus*

ウイルス	DNA ウイルス	ヘパドナウイルス科	2
	性感染、血液感染、母児感染		
	約 2〜3 カ月		
	B 型肝炎（急性肝炎、慢性肝炎）、肝硬変、肝がん		
	成分ワクチン		

C 型肝炎ウイルス / *Hepatitis C virus*

ウイルス	RNA ウイルス	フラビウイルス科	2
	性感染、血液感染		
	2 週間〜6 カ月		
	C 型肝炎（急性肝炎、慢性肝炎）、肝硬変、肝（細胞）がん		
	無		

Chapter 3　ウイルス・細菌図鑑

E型肝炎ウイルス / *Hepatitis E virus*

ウイルス	RNA ウイルス	ヘペウイルス科	2
	経口感染		
	約6週間		
	急性肝炎		
	無		

ノロウイルス / *Norovirus*

ウイルス	RNA ウイルス	カリシウイルス科	2
	経口感染、空気感染（エアロゾル感染）		
	1～2日		
	感染性胃腸炎		
	無		

サポウイルス / *Sapovirus*

ウイルス	RNA ウイルス	カリシウイルス科	2
	経口感染		
	1～2日		
	感染性胃腸炎		
	無		

アストロウイルス / *Astrovirus*

ウイルス	RNA ウイルス	アストロウイルス科	2
	経口感染		
	2～3日		
	感染性胃腸炎		
	無		

細菌名			
分類	グラム染色性	属	BSL
図	酸素要求性		
	感染経路		
	疾患		
	薬剤耐性菌	ワクチン	

黄色ブドウ球菌 / *Staphylococcus aureus*

細菌	グラム陽性球菌	ブドウ球菌属	2
	通性嫌気性		
	接触感染、経口感染、創傷感染、内因感染		
	皮膚化膿症、感染性心内膜炎、院内肺炎、食中毒		
	メチシリン耐性黄色ブドウ球菌(MRSA)、バンコマイシン耐性黄色ブドウ球菌(VRSA)、バンコマイシン中等度耐性黄色ブドウ球菌(VISA)		無

緑色連鎖球菌 / *Streptococcus viridans*

細菌	グラム陽性球菌	レンサ球菌属	2
	通性嫌気性		
	内因感染		
	感染性心内膜炎		
	－	無	

化膿レンサ球菌（A群溶連菌）/ *Streptococcus pyogenes (Group A Streptococcus)*

細菌	グラム陽性球菌	レンサ球菌属	2
	通性嫌気性		
	接触感染、飛沫感染、創傷感染、内因感染		
	咽頭炎、猩紅熱、劇症型溶連菌感染症		
	－	無	

Chapter 3 ウイルス・細菌図鑑

肺炎球菌 / *Streptococcus pneumoniae*

細菌	グラム陽性球菌	レンサ球菌属	2
	通性嫌気性		
	飛沫感染、内因感染		
	肺炎、髄膜炎、中耳炎		
	ペニシリン耐性肺炎球菌(PRSP)	肺炎球菌莢膜ポリサッカライドワクチン、肺炎球菌結合型ワクチン	

腸球菌 / *Enterococcus faecalis*

細菌	グラム陽性球菌	腸球菌属	2
	通性嫌気性		
	接触感染、内因感染		
	尿路感染症		
	バンコマイシン耐性腸球菌(VRE)	無	

淋菌 / *Neisseria gonorrhoeae*

細菌	グラム陰性球菌	ナイセリア属	2
	通性嫌気性		
	性感染		
	尿道炎、子宮頸管炎、膣炎		
	ペニシリナーゼ産生淋菌(PPNG)	無	

髄膜炎菌 / *Neisseria meningitidis*

細菌	グラム陰性球菌	ナイセリア属	2
	通性嫌気性		
	飛沫感染、内因感染		
	髄膜炎		
	—	髄膜炎菌ワクチン	

大腸菌 / *Escherichia coli*

細　菌	グラム陰性桿菌	エシェリキア属	2
	通性嫌気性		
	接触感染、経口感染、内因感染		
	食中毒、尿路感染症		
	基質拡張型 β- ラクタマーゼ （ESBL）産生菌	無	

赤痢菌 / *Shigella spp.*

細　菌	グラム陰性桿菌	シゲラ属	2
	通性嫌気性		
	経口感染		
	細菌性赤痢		
	－	無	

チフス菌 / *Salmonella* Typhi

細　菌	グラム陰性桿菌	サルモネラ属	3
	通性嫌気性		
	経口感染		
	腸チフス		
	－	不活化ワクチン、弱毒生ワクチン	

サルモネラ菌 / *Salmonella spp.*

細　菌	グラム陰性桿菌	サルモネラ属	2
	通性嫌気性		
	経口感染		
	食中毒		
	－	無	

Chapter 3 ウイルス・細菌図鑑

ペスト菌 / *Yersinia pestis*

細菌	グラム陰性桿菌	エルシニア属	3
	通性嫌気性		
	経皮感染（ノミの刺咬）、飛沫感染		
	腺ペスト、肺ペスト、敗血症ペスト		
－		不活化ワクチン	

肺炎桿菌 / *Klebsiella pneumoniae*

細菌	グラム陰性桿菌	クレブシエラ属	2
	通性嫌気性		
	接触感染、内因感染		
	肺炎、尿路感染症		
肺炎桿菌カルバペネマーゼ（KPC）産生菌			無

コレラ菌 / *Vibrio cholerae*

細菌	グラム陰性桿菌	ビブリオ属	2
	通性嫌気性		
	経口感染		
	コレラ		
－		不活化コレラワクチン	

腸炎ビブリオ / *Vibrio parahaemolyticus*

細菌	グラム陰性桿菌	ビブリオ属	2
	通性嫌気性		
	経口感染		
	食中毒		
－		無	

インフルエンザ菌 / *Haemophilus influenzae*

細 菌	グラム陰性桿菌	ヘモフィルス属	2
	通性嫌気性		
	飛沫感染、内因感染		
	肺炎、髄膜炎、中耳炎		
	β-ラクタマーゼ陰性アンピシリン耐性菌（BLNAR）	インフルエンザ菌 b 型（Hib）ワクチン	

緑膿菌 / *Pseudomonas aeruginosa*

細 菌	グラム陰性桿菌	シュードモナス属	2
	偏性好気性		
	接触感染、内因感染		
	院内肺炎、尿路感染症、敗血症		
	多剤耐性緑膿菌（MDRP）	無	

レジオネラ菌 / *Legionella pneumophila*

細 菌	グラム陰性桿菌	レジオネラ属	2
	偏性好気性		
	空気感染（エアロゾル感染）		
	レジオネラ肺炎		
	－	無	

カンピロバクター / *Campylobacter jejuni*

細 菌	グラム陰性らせん菌	カンピロバクター属	2
	微好気性		
	経口感染		
	食中毒		
	－	無	

Chapter 3 ウイルス・細菌図鑑

ヘリコバクターピロリ / *Helicobacter pylori*

細菌	グラム陰性らせん菌	ヘリコバクター属	2
	微好気性		
	経口感染		
	慢性胃炎、胃潰瘍、胃がん		
	―	無	

炭疽菌 / *Bacillus anthracis*

細菌	グラム陽性桿菌	バシラス属	3
	通性嫌気性		
	空気感染（エアロゾル感染）、経口感染、創傷感染		
	皮膚炭疽、肺炭疽、腸炭疽		
	―	不活化ワクチン、弱毒生ワクチン	

結核菌 / *Mycobacterium tuberculosis*

細菌	グラム陽性桿菌（抗酸菌）	マイコバクテリウム属	3
	偏性好気性		
	空気感染（飛沫核感染）		
	肺結核		
	多剤耐性結核菌（MDR-TB） 超多剤耐性結核菌（XDR-TB）	BCGワクチン	

ボツリヌス菌 / *Clostridium botulinum*

細菌	グラム陽性桿菌	クロストリジウム属	2
	偏性嫌気性		
	経口感染		
	食中毒		
	―	ボツリヌストキソイドワクチン	

破傷風菌 / *Clostridium tetani*

細 菌	グラム陽性桿菌	クロストリジウム属	2
	\multicolumn{3}{c}{偏性嫌気性}	

	偏性嫌気性
	創傷感染
	破傷風
ー	破傷風トキソイドワクチン

梅毒トレポネーマ / *Treponema pallidum*

細 菌	その他（スピロヘータ）	トレポネーマ属	2

	微好気性
	性感染
	梅毒
ー	無

肺炎マイコプラズマ / *Mycoplasma pneumoniae*

細 菌	その他（非定型菌）	マイコプラズマ属	2

	通性嫌気性
	飛沫感染
	非定型肺炎
ー	無

リケッチア / *Rickettsia spp.*

細 菌	その他（非定型菌）	リケッチア属	3

	偏性細胞内寄生性
	経皮感染（ダニ、ノミ、シラミの刺咬）
	ツツガムシ病、発疹チフス、紅斑熱
ー	発疹チフスはワクチンあり

Chapter 3 ウイルス・細菌図鑑

クラミジア / *Chlamydia spp.*

細菌	その他（非定型菌）	クラミジア属	2
	偏性細胞内寄生性		
	性感染		
	尿道炎、子宮頸管炎		
	−	無	

原虫名

分類	BSL
	感染経路
図	疾患
	薬剤耐性菌
	ワクチン

マラリア原虫 / *Plasmodium spp.*

原虫	2
	経皮感染（蚊の刺咬）
	マラリア
	クロロキン耐性マラリア
	開発中

写真提供

amanaimages ／ Centers for Disease Control and Prevention ／ National Institutes of Health ／ PPS 通信社／ United States Department of Agriculture Agricultural Research Service ／株式会社 アイ・ラボ Cyto STD 研究所／北里大学医療衛生学部微生物学研究室／くすりの博物館／国立感染症研究所／時事通信フォト／長崎大学熱帯医学研究所／広島市衛生研究所／ファイザー株式会社

索 引

アルファベット

A 型肝炎ウイルス ……………132, 133, 135, 175
A 群溶血性連鎖球菌（A 群溶連菌）
…………………… 69, 140, 141, 177
BCG ……………………………… 54, 64
B 型肝炎ウイルス ……………124, 129, 132 〜 134, 136, 138, 175
C 型肝炎ウイルス ………39, 124, 132, 134, 137, 175
DNA ……………………21, 27, 29, 45
D 型肝炎ウイルス ………133, 134, 138
E 型肝炎ウイルス ……………133, 134, 139, 176
HIV ……………………… 118, 128, 130
RNA …………………………………… 27
RS ウイルス …………………70, 75, 171
SARS コロナウイルス ……… 76, 173

あ行

アウトブレイク ………………………… 43
アオカビ ………………………………46, 47
アストロウイルス ………101, 105, 176
アデノウイルス …… 70, 101, 103, 169
アポトーシス ……………………… 52, 124
咽頭炎 …………………………………67, 69
院内感染 ………………………… 16, 42, 43
インフルエンザ …………12, 17, 34, 35, 38, 39, 70 〜 72
インフルエンザウイルス ……… 17, 34, 38, 39, 70 〜 72, 170
インフルエンザ菌 …………33, 55, 66, 68, 87, 181
ウイルス性出血熱 ………………………… 156
ウイルス性食中毒 ………………100, 101
エイズ ………………………………64, 118
エコーウイルス ………………… 89, 101
エボラウイルス …………15, 21, 39, 157, 158, 174
エボラ出血熱……………15, 21, 39, 40, 156, 158, 159
エンベロープ ………………… 27, 28, 70
エンテロウイルス ………………… 87, 89
黄色ブドウ球菌 …… 33, 46 〜 49, 80, 82, 94, 140, 177
黄熱ウイルス………………… 152, 172
黄熱病 ………………………… 152, 157
おたふく風邪…………………………………77
オプソニン作用…………………………… 51

か行

外膜……………………………………………23
核酸…………………………… 21, 26 〜 29
獲得免疫 ………………………… 50, 52
核膜…………………………………… 21, 27
風邪 …………………………… 70, 74, 76
化膿レンサ球菌…………… 67, 69, 177
カプシド……………………………… 26 〜 29
カプソマー……………………………… 26, 27
芽胞………………………45, 92, 93, 164
がん……………29, 58, 124 〜 126, 134
肝炎 ………………………… 132 〜 139
カンジダ ……………………………… 21

索 引

感染経路 ………………34, 35, 128, 133
感染症法 ……………………………40
感染性心内膜炎 ……………78, 79, 81
カンピロバクター ………… 38, 94 ～ 96, 109, 181
寄生虫 ……………………………18, 21
牛海綿状脳症 ………………………30
狂犬病 …………………………38, 155
狂犬病ウイルス ……………38, 155, 174
莢膜 ……………36, 37, 59, 60, 68, 164
空気感染 ……………………… 35, 101
クラミジア …………………119, 120, 184
グラム陰性 ………………………22, 23
グラム染色 ……………………22, 23, 65
グラム陽性 ………………………22, 23
クリミア・コンゴ出血熱 ……156, 157
クリミアコンゴ
　出血熱ウイルス ……………162, 172
クロイツフェルト・ヤコブ病 ………30
劇症型溶血性連鎖球菌感染症
　………………………………140, 141
血液感染 ……………………………35
結核 ………………35, 39, 40, 63 ～ 65
結核菌 …………………35, 63, 65, 182
血清反応 ……………………………31
原核生物 ……………………………21
嫌気性菌 ……………………………25
原虫 …………………………20, 21, 150
コア …………………………………27
攻撃因子 …………………………36, 37
抗酸菌 ………………………………65
抗酸染色 ……………………………65
抗生物質 …………………………46, 49

酵素 …………………… 25, 48, 49, 85, 99
抗体 ……………………………31, 51 ～ 53
好中球 ……………………… 42, 50 ～ 53
酵母 …………………………………21
黒死病 ………………… 11, 21, 165, 166
コレラ菌 …………………37, 109, 110, 180

細菌性食中毒 ……………… 94, 95, 100
細菌叢 ……………………… 32, 50, 93
再興感染症 …………………………39
細胞 ………………………… 26, 28, 29, 36, 37, 50, 52, 124, 125
細胞壁 ………………… 22, 23, 61, 63, 65
サポウイルス ……………… 101, 106, 176
サルモネラ菌 …………37, 97, 109, 179
耳管 ……………………………… 66, 67
自然免疫 …………………………50, 51
市中感染 …………………………42, 43
死滅期 ………………………………25
弱毒生ワクチン ……………………54
重症急性呼吸器症候群（SARS）
　………………………………… 39, 40
宿主 ………………………28, 34, 71, 75, 111, 121, 124, 148, 158, 161, 162
常在菌 ………………32, 33, 60, 66, 68, 69, 80, 81, 116, 117, 140
消毒 …………………… 16, 44, 95, 157
食細胞 ………………………………50
食中毒 ……… 24, 94, 95, 100, 101, 108
腎盂腎炎 ……………………83, 114, 115
真核生物 ……………………………21

神経毒素 …………………………………90
新興感染症 ……………………………39
人獣共通感染症 ………………… 38, 154
侵入門戸 ………………………………34
垂直感染 …………35, 128, 133, 134
水痘 ……………………54, 142, 143, 146
水痘・帯状疱疹ウイルス …… 146, 168
水平感染 ………………………………35
髄膜炎 ………60, 68, 77, 86 〜 88, 107
髄膜炎菌 …………………………88, 178
スクレイピー …………………………30
ストレプトリジン ……………………37
スパイク …………………………27, 76
スペインかぜ …………………………71
性感染 ………………………… 35, 118, 119
生態系 ……………………………20, 21
脊髄 ……………………86, 90, 107, 155
赤痢菌 ………………… 36, 109, 112, 179
接触感染 …………………………35, 70
染色 ……………………… 22, 23, 63, 65
線毛 ……………………………………36
双球菌 ……………………………60, 121

た行

タイコ酸 ………………………………23
対数増殖期 ……………………………25
耐性菌 ………………………… 43, 49, 60, 80
大腸菌 ……………21, 22, 24, 33, 36, 83, 95, 109, 114 〜 116, 179
脱殻 ……………………………………29
単純ヘルペスウイルス …………… 123, 129, 168

炭疽菌 ………………………………164, 182
タンパク質 ………22, 26 〜 28, 30, 36
チフス菌 …………………109, 111, 179
中耳炎 ……………………………66, 67
腸炎ビブリオ …………94, 98, 109, 180
腸管出血性大腸菌O-157 …………………………39, 95, 116
腸管出血性大腸菌感染症 ……… 39, 40
腸球菌 ……………………………117, 178
手足口病 …………………………89, 142, 143
抵抗因子 …………………………36, 37
定常期 …………………………………25
デングウイルス …………………153, 171
デング熱 ………… 21, 39, 149, 153, 157
伝染性紅斑 …………………142, 143, 147
天然痘 ……………………………56, 163
天然痘ウイルス …………………163, 168
伝播性海綿状脳症 ……………………30
トリコモナス …………………………21

な行

内因感染 ………………………………33
南米出血熱 …………………………156
日本脳炎 ………………………54, 149, 151
日本脳炎ウイルス ……… 149, 151, 171
尿沈渣 …………………………………22
ヌクレオカプシド ……… 26, 27, 70, 72
脳 ………30, 79, 86, 87, 90, 91, 118
脳膿瘍 ……………………………86, 87
ノロウイルス ……44, 100 〜 102, 176

肺·····················58, 59, 63, 163, 164
肺炎·····················58 〜 62, 68, 70, 75, 83 〜 85, 131, 159
肺炎桿菌······························85, 180
肺炎球菌····36, 55, 59, 60, 83, 87, 178
肺炎マイコプラズマ·············61, 183
バイオセーフティーレベル·········157
敗血症···············82, 83, 85, 115, 140
梅毒······································118, 122
梅毒トレポネーマ·········122, 129, 183
麻疹·····························35, 54, 142 〜 144
破傷風菌·················91, 92, 113, 183
白血球·····················50, 59, 83, 114
発酵······································25
発酵食品··························20, 25
パラインフルエンザウイルス
··································70, 73, 170
バンコマイシン·······················49, 117
ハンタウイルス·····················161, 172
ヒトT細胞白血病ウイルス
······························124, 127, 129, 174
人食いバクテリア··················69, 140
ヒトサイトメガロウイルス
······························129, 131, 169
ヒトパピローマウイルス······54, 124, 126, 169
ヒトパルボウイルスB19············129, 147, 169
ヒト免疫不全ウイルス·················39, 128 〜 130, 175
ヒトライノウイルス·········70, 74, 173

ヒトロタウイルス·················101, 104, 105, 173
皮膚·························32, 33, 80, 82, 126, 140, 141, 146, 165
飛沫感染·······································35, 70
百日咳···39, 55
病原因子·····································36, 37
日和見感染···································43
ビリオン·······································26
風疹·····························54, 142, 143, 145
風疹ウイルス·········128, 129, 145, 171
不活化ワクチン·······················54, 55
付着・侵入因子···························36
ブドウ球菌··························21, 22, 35, 46, 49, 94, 95
プリオン····································30, 31
分泌腺··67
ベクター介在感染·······················148
ベクター感染·····························35, 148
ペスト···················11, 21, 149, 165, 166
ペスト菌··················21, 165, 166, 180
ペニシリナーゼ·························48, 49
ペニシリン··············46 〜 49, 60, 119
ペプチドグリカン·················22, 23, 48
ヘリコバクターピロリ············99, 182
扁桃腺··67
膀胱·································33, 36, 114, 115
ポーリン··23
母児感染·································35, 128
補体···51, 82
発疹性疾患··································142
ボツリヌス菌···············90, 91, 93, 182
ポリオウイルス·················89, 107, 173

マールブルグウイルス
　　　　　　　　……………158, 159, 174
マールブルグ病…………156, 158, 159
マクロファージ …………37, 50 〜 53,
　　　　　　　　　　　　59, 111
麻疹ウイルス………………35, 144, 170
マラリア…………21, 35, 149, 150, 184
水ぼうそう……………………… 54, 146
ムンプスウイルス ……………… 77, 170
メチシリン ………………………… 48, 49
メチシリン耐性黄色ブドウ球菌
　　…………………………43, 48, 49, 80
滅菌 …………………………………44, 45
免疫…………33, 34, 36, 37, 42, 43, 46,
　　　　　　50, 52 〜 55, 67, 82, 124
免疫記憶 ………………………………54
免疫機構 …………36, 37, 42, 111, 124
免疫機能 ………………………………42
免疫グロブリン …………… 33, 52, 134

誘導期 …………………………………25
溶血性連鎖球菌 …………37, 140, 141

ラッサ熱 ……………………………156
ラッサウイルス …………157, 160, 172
リケッチア ……27, 148, 149, 154, 183
リザーバー ……………………148, 149

リポ多糖体 ……………………………23
旅行者下痢症 ……………… 108, 109
淋菌…………………………119, 121, 178
リンパ球 ……………………42, 50, 52
レジオネラ菌………………59, 62, 181
レセプター………………………………29

ワクチン…………………… 52, 54 〜 56,
　　　　　　　　　63, 64, 125, 157

索引

ウイルス・細菌

A 型肝炎ウイルス 135, 175
B 型肝炎ウイルス 136, 175
C 型肝炎ウイルス 137, 175
D 型肝炎ウイルス 138
E 型肝炎ウイルス 139, 176
RS ウイルス 75, 171
SARS コロナウイルス 76, 173
アストロウイルス 105, 176
アデノウイルス 103, 169
インフルエンザウイルス 72, 170
インフルエンザ菌 68, 181
エボラウイルス 158, 174
エンテロウイルス 89
黄色ブドウ球菌 80, 177
黄熱ウイルス 152, 172
化膿レンサ球菌（A 群溶連菌）
  .... 69, 177
カンピロバクター 96, 181
狂犬病ウイルス 155, 174
クラミジア 120, 184
クリミアコンゴ出血熱ウイルス
  .... 162, 172
結核菌 65, 182
コレラ菌 110, 180
サポウイルス 106, 176
サルモネラ菌 97, 179
水痘・帯状疱疹ウイルス 146, 168
髄膜炎菌 88, 178
赤痢菌 112, 179
大腸菌 116, 179
単純ヘルペスウイルス 123, 168
炭疽菌 164, 182
チフス菌 111, 179
腸炎ビブリオ 98, 180
腸球菌 117, 178
デングウイルス 153, 171
天然痘ウイルス 163, 168
日本脳炎ウイルス 151, 171
ノロウイルス 102, 176
肺炎桿菌 85, 180
肺炎球菌 60, 178
肺炎マイコプラズマ 61, 183
梅毒トリポネーマ 122, 183
破傷風菌 92, 183
パラインフルエンザウイルス .. 73, 170
ハンタウイルス 161, 172
ヒト T 細胞白血病ウイルス ... 127, 174
ヒトサイトメガロウイルス ... 131, 169
ヒトパピローマウイルス 126, 169
ヒトパルボウイルス B19 ...... 147, 169
ヒト免疫不全ウイルス 130, 175
ヒトライノウイルス 74, 173
ヒトロタウイルス 104, 173
風疹ウイルス 145, 171
ペスト菌 165, 180
ヘリコバクターピロリ 99, 182
ボツリヌス菌 93, 182
ポリオウイルス 107, 173
マールブルグウイルス 159, 174
麻疹ウイルス 144, 170
マラリア原虫 150, 184
ムンプスウイルス 77, 170
ラッサウイルス 160, 172
リケッチア 154, 183
緑色連鎖球菌 81, 177
緑膿菌 84, 181
淋菌 121, 178
レジオネラ菌 62, 181

著者紹介

北里英郎　Hidero Kitasato

1987年慶応義塾大学大学院 医学研究科博士課程修了、1987年から1996年まで、フランス、ドイツ、チェコ共和国の3カ国に9年間ポスドクとして留学し、HPVの研究に従事。聖マリアンナ医科大学講師、北里大学医学部講師を経て、2004年より北里大学 医療衛生学部 微生物学研究室教授。趣味は、クラシック音楽鑑賞、演奏、スキー、テニスなど。本書では、総括、ウイルスの癌化機構などを担当。

原　和矢　Kazuya Hara

1975年北里大学大学院衛生学研究科修士課程修了、東京大学医科学研究所ウイルス感染研究部客員研究員として、ヒトポリオーマウイルスの研究に従事。東京大学医科学研究所ウイルス研究部助手、東京大学大学院医学系研究科助手、北里大学衛生学部助手を経て、2000年より、医療衛生学部微生物学研究室講師。趣味は、ネイチャーフォトの撮影、登山など。本書では、ウイルス分野などを担当。

中村正樹　Masaki Nakamura

2007年 北里大学医学部卒業。北里大学病院で2年間の医師臨床研修の後、2013年に北里大学大学院 医学系研究科研究科で医学博士を取得。2014年より北里大学 医療衛生学部 微生物学研究室 助教となる。専門分野は細菌検査、薬剤耐性菌、抗菌化学療法。感染制御医（ICD）と抗菌化学療法認定医の資格を有する。趣味はギター演奏、紅茶など。本書では、細菌分野ならびに各種感染症を担当。

参考文献
『戸田新細菌学　第34版』吉田眞一、柳雄介、吉開泰信　南山堂
『医科細菌学　第4版』笹川千尋、林哲也　南江堂
『医科ウイルス学　第3版』高田賢藏　南江堂
『臨床検査学講座　微生物学/臨床微生物学　第3版』岡田淳ほか　医歯薬出版
『微生物検査ナビ』堀井俊伸、犬塚和久　栄研化学
『微生物検査イエローページ』　医学書院
『人体の正常構造と機能』坂井建雄、河原克雅　医事新報社
『Disease 人類を襲った30の病魔』Mary Dobson　医学書院
『まんが医学の歴史』茨木保　医学書院
（順不同）

- ●著者　　北里英郎、原　和矢、中村正樹　[北里大学 医療衛生学部 微生物学]
- ●作図&イラスト　　田中こいち、ジーグレイプ株式会社
- ●執筆協力　　腰塚雄壽
- ●編集&DTP　　ジーグレイプ株式会社

ウイルス・細菌の図鑑
感染症がよくわかる重要微生物ガイド

2016年1月25日　初版　第1刷発行
2020年6月9日　初版　第4刷発行

著　　者	北里英郎、原　和矢、中村正樹	
発 行 者	片岡　巌	
発 行 所	株式会社技術評論社	
	東京都新宿区市谷左内21-13	
	電話 03-3513-6150　販売促進部	
	03-3513-6176　書籍編集部	
印刷／製本	株式会社加藤文明社	

……………………………………………………………

定価はカバーに表示してあります。

本書の一部または全部を著作権法の定める範囲を超え、無断で複写、複製、転載、テープ化、ファイル化することを禁じます。

ⓒ2016　北里英郎、原　和矢、中村正樹、
　　　　ジーグレイプ株式会社

ISBN978-4-7741-7716-8 C3045

Printed in Japan